风景园林工程施工技术探究

阎永明　冯晓慧　李海燕◎著

吉林科学技术出版社

图书在版编目（CIP）数据

风景园林工程施工技术探究 / 阎永明，冯晓慧，李
海燕著. -- 长春 ：吉林科学技术出版社，2023.3
ISBN 978-7-5744-0155-6

Ⅰ. ①风… Ⅱ. ①阎… ②冯… ③李… Ⅲ. ①园林－
工程施工－研究 Ⅳ. ①TU986.3

中国国家版本馆 CIP 数据核字(2023)第 053795 号

风景园林工程施工技术探究

作　　者	阎永明　冯晓慧　李海燕
出 版 人	宛　霞
责任编辑	李　超
幅面尺寸	185mm×260mm　1/16
字　　数	283 千字
印　　张	12.5
印　　数	1—200 册
版　　次	2023 年 3 月第 1 版
印　　次	2023 年 3 月第 1 次印刷

出　　版	吉林科学技术出版社
发　　行	吉林科学技术出版社
地　　址	长春市净月区福祉大路 5788 号
邮　　编	130118

发行部电话/传真　0431-81629529　81629530　81629531
　　　　　　　　　　　　 81629532　81629533　81629534

储运部电话　0431-86059116

编辑部电话　0431-81629518

印　　刷　北京四海锦诚印刷技术有限公司

书　　号　ISBN 978-7-5744-0155-6
定　　价　75.00 元

前　言

　　随着现代社会的快速发展，越来越多的城市开始重视风景园林工程的建设，风景园林建设不仅可以改善环境，而且可以促进人与自然的和谐发展，我们要不断提高风景园林施工技术，建造更多高品质的风景园林精品。在现代化城市基础建设过程中，加强风景园林工程的建设需要施工人员对每一个施工细节进行严格的把控，及时解决工程中遇到的问题。同时，风景园林工程自身的施工内容较为复杂，具有一定的专业性，在实际建设时很容易受到外在因素的影响。作为工程的管理人员要通过严格的施工技术应用方法以及施工管理措施提高对整个工程的全面掌控，有效保证工程的施工建设水平，为居民带来一个舒适、安逸的生活空间。在风景园林工程中各种植被的种植和养护是整个风景园林工程施工的核心，特别是后期的养护工作。因此，需要采取合理的施工技术保证风景园林工程的建设水平。

　　在现代社会中，我们对风景园林的空间需求，不仅仅局限于其物质方面，还包括其内在的精神追求。将园林艺术与工程技术融为一体，以艺驭术、以术彰艺，最终促进风景园林建设及风景园林专业的可持续发展。本书是风景园林工程方向的著作，主要研究风景园林工程施工技术，本书从风景园林土方工程施工入手，另外对风景园林园路铺装工程施工和给排水工程施工做了一定的介绍；还对风景园林水景工程施工、假山工程施工与草木种植工程施工进行了一些研究，对风景园林工程施工技术的应用有一定的借鉴意义。

　　本书在写作过程中，参阅了大量前辈与同行们的著作与文献，在此深表感谢。由于作者水平有限，本书难免存在不当和不足之处，敬请广大读者在使用过程中，努力发现问题，提出宝贵意见，以便再版时修改完善。

目　录

第一章　风景园林土方工程施工

第一节　计算土方量

任何园林工程的修建都要在地面做一定的基础，如挖掘基坑、路槽等，这些工程都是从土方施工开始的。在园林中地形的利用、改造或创造，如挖湖堆山、平整场地都要依靠动土来完成。土方工程，一般来说，在园林建设中是一项大工程，而且在建园中它又是先行的项目。它完成的速度和质量直接影响后续工程，所以它和整个建设工程的进度关系密切。为了使工程能多快好省地完成，必须做好土方工程的设计和施工的安排。

一、工程描述

在满足设计意图的前提下，如何尽量减少土方的施工量，节约投资和缩短工期，这是土方工程的关键性问题。要做到这一点，对土方的挖填和运输都应进行必要的计算，做到心中有数，以提高工作效率和保证工程质量。

二、工程分析

土方工程量的计算一般是在原地形等高线的设计地形图上进行的，通过计算，有时反过来又可以修订设计图中不合理之处，使图纸更加完善。

要做好该项工程的施工工作，现场施工员在具有较强管理能力、协调能力和责任心的基础上，还必须掌握丰富的土方工程量计算的相关知识。其工作步骤为：在具有等高线施工地形图上做方格网；用插入法求出原地形高程；按照设计意图确定设计高程；求出施工标高，计算土方量。

三、工程计算

（一）等高线法地形设计

园林用地地形设计，应遵循因地制宜、师法自然、顺理成章、统筹兼顾的原则。等高线法是在绘有原地形等高线的底图上用设计等高线进行地形改造，在同一张图纸上可表达原有地形、设计地形和景区的平面布置关系。此法在园林设计中应用最多，适于景区自然山水园的土方计算。

1. 等高线特点

地面上高程（或标高）相同的各点所连接成的闭合曲线称为等高线。在图上用等高线能反映出地面高低起伏变化的形态。等高线有以下几个特点。

①同一等高线上各点高程相等。

②每一条等高线是闭合的曲线。

③等高线水平间距的大小能表示地形的缓或陡，疏则缓，密则陡。等高线间距相同，表示地面坡度一致。

④等高线一般不相交、重叠或合并，只有在悬崖、峭壁或挡土墙、驳岸处等高线才会重合。

⑤等高线一般不能随意横穿河流、峡谷、堤岸和道路等。

2. 等高线法地形设计

（1）图上某一点高程及坡度计算

第一，插入法求某一点高程。

欲求相邻两等高线之间任意点高程用如下公式：

$$H_x = H_a \pm \frac{xh}{L} \qquad (1-1)$$

式中：H_x——欲求任意点高程；

　　　H_a——低边等高线高程；

　　　x——该点距低边等高线的水平距离；

　　　h——等高距；

　　　L——过该点相邻等高线间的最小距离。

用插入法求某点地面高程，常有下面 3 种情况。

①欲求点高程在两等高线之间：

$$H_x = H_a + \frac{xh}{L} \qquad (1-2)$$

②欲求点高程在低边等高线的下方：

$$H_x = H_a - \frac{xh}{L} \qquad (1-3)$$

③欲求点高程在高边等高线的上方：

$$H_x = H_a + \frac{xh}{L} \qquad (1-4)$$

第二，坡度计算。

欲求某一坡面的坡度用下列公式：

$$i = \frac{h}{L} \tag{1-5}$$

式中：i——坡度，%；

h——高差，m；

L——水平距离，m。

以上两个公式，在计算土方量的任务中得到具体应用。

（2）等高线法地形设计的应用

①陡坡变缓或缓坡变陡。在高差不变的情况下，通过改变等高线间距可以减缓或增加地形的坡度。

②平垫沟谷。在园林土方工程中，有些沟谷地段须垫平。平垫这类地段设计时，一般用平直设计等高线与拟平垫部分的同值等高线连接，其连接点就是不挖不填的点，称为"零点"。这些相邻点的连线称为"零点线"，其所围的区域就是垫土范围。

③削平山脊。将山脊削平的设计方法和平垫沟谷的设计方法相同，只是设计等高线所切割的原地形方向相反。

④平整场地。园林建设中平整场地主要包括铺装广场、建筑地坪、建植草坪、文体活动场地等。各种场地因其使用功能不同，对排水坡度要求而异。非铺装场地的目的是垫洼平凸，地表坡度顺其自然，排水通畅即可。一般铺装场地往往采用规则的坡面，可以是单面坡、两面坡和四面坡，坡面上纵、横坡度保持一致。

（二）计算土方量方法

1. 估算法

在实际土方工程中，经常会出现一些类似锥体、棱体等几何形体的地形单体，如山丘、池塘等。这些地形单体的体积可用相近的几何体体积公式进行计算。这种方法简便易行，但精度不高，多用于土方工程量的估算。

2. 断面法

断面法是用一组互相平行的等距（或不等距）的截面将要计算的地块、地形单体（如山丘、溪涧、池塘等）和土方工程（如沟渠、路堤、路堑、带状山体等）分截成段，分别计算这些段的体积，再将这些段的体积加起来，即得所求对象的总土方量。此法多用于长条形地形单体的土方量计算。

计算公式如下：

$$V = \frac{1}{2}(S_1 + S_2) \times L \qquad (1-6)$$

式中：S_1，S_2——相邻两断面的面积，m^2；

L——相邻两断面之间的距离，m。

用断面法计算土方量时，其精度取决于截取断面的数量，多则精，少则粗。当 S_1 与 S_2 面积相差较大，或 L 大于 50 m 时，计算结果误差较大，在这种情况下，可用下面的公式计算：

$$V = \frac{1}{6}(S_1 + S_2 + 4S_0) \times L \qquad (1-7)$$

式中：S_0——中截面积，有以下两种求法。

①用求棱台中截面面积公式计算：

$$S_0 = \frac{1}{4}\left(S_1 + S_2 + 2\sqrt{S_1 \times S_2}\right) \qquad (1-8)$$

②用 S_1 与 S_2 各相应边的平均值求 S_0 的面积。

3. 等高面法

等高面法同断面法，只是截取断面时，沿着等高线截取，等高距为两相邻断面的高。此法多用于大面积自然山水地形的土方量计算。

计算公式如下：

$$V = \left[\frac{1}{2}(S_1 + S_2) + S_2 + S_3 + S_4 + \cdots + S_{n-1}\right] \times h + \frac{1}{3}S_n \times h \qquad (1-9)$$

式中：V——土方体积，m^3；

S——断面面积，m^2；

h——等高距，m。

4. 方格网法

在园林工程中，经常有一些平整场地的工作，即将原来高低不平和破碎的地形按设计要求整理成为具有一定坡度较平坦的场地，如广场、停车场、运动场、露天剧场等。这类地块的土方量计算最适宜用方格网法。其工作步骤有以下几点。

（1）做方格控制网

在附有等高线的施工现场地形图上划分方格网，用以控制施工场地。方格网边长大小取决于计算精度要求和地形复杂程度，一般选用 20~40 m。

（2）求角点原地形高程

在地形图上，采用插入法求出各角点的原地形高程，或将方格网各角点测设到地面上，再测出各角点的标高，并标注在图上。

（3）确定角点设计高程

根据地面的形状、坡向、坡度值等情况，依设计意图，确定各角点的设计高程。

（4）求施工标高

利用原地形高程与设计高程，求施工标高。

（5）求零点线

零点线是不挖不填的点（零点）的连线，也是挖方与填方的界定线。由零点线可以划分出挖方区或填方区。

（6）计算土方量

根据零点线与施工标高，可为土方计算提供填、挖方的面积与填、挖方的高度，再依据不同的棱柱体计算公式，求出方格内土方的填方量和挖方量。

（三）土方平衡调配

1. 土方平衡调配原则

①力求做到挖方与填方平衡，就近挖方与填方。

②分区调配和全场调配相结合，避免土方随意挖填而破坏全局平衡。

③一个区域的挖方，应优先调配到与其最近的填方区，近处填满土后，再考虑向稍远的填方区调配。

④为保证园林绿地面积，取土或弃土时尽量不要占用园林绿地。

2. 土方平衡调配方法

在图上划出挖方区与填方区的分界线，并综合各挖方区与填方区实际，划分出若干个调配区，确定调配区的大小和位置。根据所给条件，计算出各调配区的土方量，并提出取土或弃土的数量。注明调配区土方盈缺情况、土方调配数量、方向和距离，完成土方调配图。

第二节　挖湖工程施工

一、工程描述

平整场地、挖人工湖是土方施工中一项主要工程任务。在校园内挖人工湖，挖方工程量比较大，平均挖深将近 4 m。所以要想高质量、低成本按期完成该项工程建设任务，现场施工人员必须掌握土壤的工程性质、土石方施工的基本知识、定点放线的技术等。

二、工程分析

通过对施工图纸的分析我们知道，要做好该项工程的施工管理工作，现场施工人员必须具有较强的管理能力、协调能力和责任心。挖湖工程的土方施工是在计算完土方工程量之后，按照清理现场、定点放线、土方开挖、土方运输、土方填筑、土方压实等工序完成施工任务。具体应解决好以下几个问题。

①正确识读挖湖施工图，准确把握设计人员的设计意图。

②根据土石方工程的特点，编制切实可行的人工湖挖湖施工组织方案。

③进行有效的人工湖挖湖施工现场管理、指导和协调工作。

④做好人工湖成品修整和保护工作。

⑤做好竣工验收的准备工作。

三、工程设计

园林用地设计地形的实现必然要依靠土方施工来完成。任何建筑物、构筑物、道路及广场等工程的修建，都要在地面做一定的基础，挖掘基坑、路槽等，这些工程都是从土方施工开始的。园林中地形的利用、改造或创造，如挖湖堆山、平整场地都要依靠动土方来完成。土方工程量，一般来说在园林建设中是一项大工程，而且在建园中它又是先行的项目。它完成的速度和质量，直接影响后续工程，所以它和整个建设工程的进度关系密切。为了使工程能多快好省地完成，必须做好土方工程的设计和施工的安排。

（一）土方施工基本知识

1. 土方工程的种类及其施工要求

土方工程根据其使用期限和施工要求，可分为永久性和临时性两种，但是不论是永久性还是临时性的土方工程，都要求具有足够的稳定性和密实度，使工程质量和艺术造型都符合原设计的要求。同时在施工中还要遵守有关的技术规范和原设计的各项要求，以保证工程的稳定和持久。

2. 土壤的工程性质及工程分类

土壤的工程性质对土方工程的稳定性、施工方法、工程量及工程投资有很大关系，也涉及工程设计、施工技术和施工组织的安排。因此，对土壤的这些性质要进行研究并掌握它。以下是土壤的几种主要的工程性质。

（1）土壤的容重

单位体积内天然状况下的土壤重量，单位为 kg/m³。土壤容重的大小直接影响施工的难易程度，容重越大挖掘越难，在土方施工中把土壤分为松土、半坚土、坚土等类，所以施工中施工技术和定额应根据具体的土壤类别来制定。

（2）土壤的自然倾斜角（安息角）

土壤自然堆积，经沉落稳定后的表面与地平面所形成的夹角，就是土壤的自然倾斜角。在工程设计时，为了使工程稳定，其边坡坡度数值应参考相应土壤的自然倾斜角的数值，土壤自然倾斜角还受到其含水量的影响。

（3）土壤含水量

土壤的含水量是土壤孔隙中的水重和土壤颗粒重的比值。

土壤含水量在5%以内称干土，在30%以内称潮土，大于30%称湿土。土壤含水量的多少，对土方施工的难易也有直接的影响，土壤含水量过小，土质过于坚实，不易挖掘；含水量过大，土壤易泥泞，也不利于施工，无论用人力或机械施工，工效均降低。以黏土为例，含水量在30%以内最易挖掘，若含水量过大时，则其本身性质发生很大变化，并丧失其稳定性，此时无论是填方或挖方，其坡度都显著下降，因此含水量过大的土壤不宜做回填土用。

在填方工程中土壤的相对密实度是检查土壤施工中密实程度的标准，为了使土壤达到设计要求的密实度，可以采用人力夯实或机械夯实。一般采用机械压实，其密实度可达95%，人力夯实在87%左右。大面积填方如堆山等，通常不加夯压，而是借土壤的自重慢慢沉落，久而久之也可达到一定的密实度。

（4）土壤的可松性

土壤经挖掘后，其原有紧密结构遭到破坏，土体松散而使体积增加的性质。这一性质与土方工程的挖土和填土量的计算及运输等都有很大关系。

（二）土方施工准备工作

在造园施工中，由于土方工程是一项比较艰巨的工作。所以准备工作和组织工作不仅应先行，而且要做得周全仔细，否则因为场地大或施工点分散，容易造成窝工甚至返工而影响工效。

1. 准备工作

施工以前，要做以下工作。

①审阅土方设计图。

②收集与施工现场有关资料，如地质、市政、气象等。

③了解施工单位情况，如人力、装备、效率等。

④做土方施工的组织设计、进度、方法、人员、设备安排、场地布置图，完成以上工作后，进场。

2. 清理场地

在施工地范围内，凡有碍工程的开展或影响工程稳定的地面物或地下物都应该清理，例如不需要保留的树木、废旧建筑物或地下构筑物等。

（1）场地树木及其他设施清理

凡土方开挖深度不大于 50 cm，或填方高度较小的土方施工，现场及排水沟中的树木，必须连根拔除，清理树墩除用人工挖掘外，直径在 50 cm 以上的大树墩可用土机铲除或用爆破法清除。

（2）建筑物和地下构筑物的拆除

应根据其结构特点进行工作，并遵照规定进行操作。

（3）管线及其他异常物体

如果施工场地内的地面地下或水下发现有管线通过或其他异常物体时，应事先请有关部门协同查清。未查清前，不可动工，以免发生危险或造成其他损失。

3. 排水

场地积水不仅不便于施工，而且也影响工程质量，在施工之前，应该设法将施工场地范围内的积水或过高的地下水排走。

（1）排除地面积水

在施工前，根据施工区地形特点在场地周围挖好排水沟（在山地施工为防山洪，在山坡上方应做截洪沟），使地内排水通畅，而且场外的水也不致流入。

在低洼处或挖湖施工时，除挖好排水沟外，必要时还应加筑围堰或设防水堤，为了排水通畅，排水沟的纵坡不应小于 2%。沟的边坡值取 1：1.5，沟底宽及深不小于 50 cm。

（2）地下水的排除

排除地下水方法很多，但一般多采用明沟，引至集水井，并用水泵排出，因为明沟较简单经济。一般按排水面积和地下水位的高低来安排排水系统，先定出主干渠和集水井的位置，再定支渠的位置和数目，土壤含水量大的要求排水迅速的，支渠分布应密些，其间距约 1.5 m；反之，可疏。

挖湖施工中应先挖排水沟，排水沟的深度，应深于水体挖深。沟可一次挖掘到底，也可以依施工情况分层下挖，采用哪种方式可根据出土方向决定。

（三）土方施工

土方工程施工包括挖、运、填、压 4 个内容。其施工方法可采用人力施工，也可用机械化或半机械化施工。这要根据场地条件、工程量和当地施工条件决定。在规模较大、土方较集中的工程中，采用机械化施工较经济；但对工程量不大、施工点较分散的工程或因受场地限制，不便于采用机械施工的地段，应用人力施工或半机械化施工，以下按上述 4 个内容简单介绍。

1. 土方的挖掘

（1）人力施工

人力施工适用于一般园林小型建筑、构筑物的基坑、小溪流和假植沟、带状种植沟和小范围整地的挖方工程。

①施工工具：主要是锹、铺、钢钎等。

②施工流程：确定开挖顺序→确定开挖边界和深度→分层开挖→修整边缘部位→清底。

③施工注意事项：人力施工不但要组织好劳动力而且要注意安全和保证工程质量。

a. 施工者要有足够的工作面，一般平均每人应有 4~6 m²。

b. 开挖土方附近不得有重物及易坍落物。

c. 在挖土过程中，随时注意观察土质情况，要有合理的边坡，必垂直下挖者，松软土不得超过 0.7 m，等密度者不超过 1.25 m，坚硬土不超过 2 m，超过以上数值的，须设支撑板或保留符合规定的边坡。

d. 挖方工人不得在土壁下向里挖土，以防坍塌。

e. 在坡上或坡顶施工者，要注意坡下情况，不得向坡下滚落重物。

f. 施工过程中注意保护基桩、龙门板或标高桩。

（2）机械施工

主要施工机械有推土机、挖土机等。在园林施工中推土机应用较广泛，例如，在挖掘水体时，以推土机推挖，将推至水体四周，再行运走或堆置地形。最后岸坡用人工修整。

用推土机挖湖挖山，效率较高，但应注意以下几个方面。

①推土前应识图或了解施工对象的情况，在动工之前应向推土机手介绍拟施工地段的地形情况及设计地形的特点，最好结合模型，使之一目了然。另外施工前还要了解实地定点放线情况，如桩位、施工标高等。这样施工起来司机心中有数，推土铲就像他手中的雕塑刀，能得心应手地按照设计意图去塑造地形。这一点对提高施工效率有很大关系，这一步工作做得好，在修饰山体（或水体）时便可以省去许多劳力、物力。

②注意保护表土，在挖湖堆山时，先用推土机将施工地段的表层熟土（耕作层）推到施工场地外围，待地形整理停当，再把表土铺回来，这样做较麻烦、费工，但对公园的植物生长却有很大的好处，有条件之处应该这样做。

③桩点和施工放线要明显，推土机施工进进退退，其活动范围较大，施工地面高低不平，加上进车或退车时司机视线存在某些死角，所以桩木和施工放线很容易受破坏。为了解决这一问题，应加高桩木的高度，桩木上可做醒目标志（如挂小彩旗或桩木上涂明亮的颜色），以引起施工人员的注意。施工期间，施工人员应该经常到现场，随时随地用测量仪器检查桩点和放线情况，掌握全局，以免挖错（或堆错）位置。

2. 土方的运输

一般竖向设计都力求土方就地平衡，以减少土方的搬运量，土方运输是较艰巨的劳动，人工运土一般都是短途的小搬运。车运人挑，这在有些局部或小型施工中还经常采用。运输距离较长的，最好使用机械或半机械化运输。不论是车运人挑，运输路线的组织很重要，卸土地点要明确，施工人员随时指点，避免混乱和窝工。如果使用外来土垫地堆山，运土车辆应设专人指挥，卸土的位置要准确，否则乱堆乱卸，必然会给下一步施工增加许多不必要的小搬运，从而浪费了人力、物力。

3. 土方的填筑

填土应该满足工程的质量要求，土壤的质量要根据填方的用途和要求加以选择，在绿化地段土壤应满足种植植物的要求，而作为建筑用地则以要求将来地基的稳定为原则。利用外来土垫地堆山，对土质应检定放行，劣土及受污染的土壤不应放入园内，以免将来影响植物的生长和妨害游人健康。

①大面积填方应分层填筑，一般每层20~50 cm，有条件的应层层压实。

②在斜坡上填土，为防止新填土方滑落，应先把土坡挖成台阶状，然后再填方，这样可保证新填土方的稳定。

③辇土或挑土堆山，土的运输路线和下卸，应以设计的山头为中心并结合来土方向进行安排。一般以环形线为宜，车辆或人挑满载上山，土卸在路两侧，空载的车（人）沿路线继续前行下山，车（人）不走回头路，不交叉穿行，所以不会顶流拥挤。随着卸土，山势逐渐升高，运土路线也随之升高，这样既组织了人流，又使土山分层上升，部分土方边卸边压实，这不仅有利于山体的稳定，山体表面也较自然。如果土源有几个来向，运土路线可根据设计地形特点安排几个小环路，小环路以人流车辆不相互干扰为原则。

4. 土方的压实

人力压可用穷、破、碾等工具；机械碾压可用碾压机或用拖拉机带动的铁碾。小型的夯压机械有内燃夯、蛙式夯等。如土壤过分干燥，须先洒水湿润后再行压实。

在压实过程中应注意以下几点。

①压实工作必须分层进行。

②压实工作要注意均匀。

③压实松土时夯压工具应先轻后重。

④压实工作应自边缘开始逐渐向中间收拢，否则边缘土方外挤易引起坍落。

土方工程，施工面较宽，工程量大，施工组织工作很重要，大规模的工程应根据施工力量和条件决定，工程可全面铺开，也可以分区分期进行。

施工现场要有人指挥调度，各项工作要有专人负责，以确保工程按期、按计划高质量地完成。

四、任务实施

（一）平整场地

按设计要求平整场地。

1. 清理现场

在拟建广场上，清理地面上的障碍物，包括树木、构筑物、建筑垃圾及生活垃圾等。

2. 定点放线

用经纬仪将方格测设到地面上，地面上方格的边长为 10 m。在每个方格角点处钉上木桩，木桩一侧标出编号，要求与图上方格网的角点编号一致。另一侧标出已计算出的每个角点施工标高。

3. 挖土

在地面上用白灰标记出填方与挖方区，用小型挖掘机或人工进行挖土作业。挖土时，由上而下，逐层进行。

4. 运土与填土

根据景区广场土方调配图，分区进行土方的运输，可采用人工推车或小型机械进行运输作业。在施工现场，施工人员要认真组织运输路线，按照不同填方区先远后近，由上而下逐方进行填土，避免发生卸土出错和窝工现象。

5. 压土

填土后要及时压实，如果土壤过分干燥，可先洒水后再压实，以保证土壤的压实质量，并检查设计标高及坡度是否达到要求。

（二）挖人工湖

1. 清理现场

根据施工现场实际情况，可以采取相应措施进行地面上障碍物的清理。

2. 挖沟排水

当地下水位较高时，须挖沟排水。排水沟的深度，应深于水体挖深。为了更好地排水，排水沟的纵坡不应小于0.2%，沟的边坡为1∶1.5，沟底宽及沟深不小于50 cm，利用水泵排水。要求沟一次挖到底，一侧出土。

3. 定点放线

按照人工湖施工范围，放好湖体边界线及施工标高。用经纬仪或全站仪等仪器在地面上依照施工图确定出人工湖的各特征点的位置，各点钉上木桩，然后将各点用白灰连接，即为边界线。在边界线的内部，还要再打上一定数量、具有一定密度的基底标高木桩，使用水准仪，利用附近水准点的已知高程，根据设计给定的水体基底标高，在木桩上进行测设，在木桩上画线标明开挖深度。

4. 挖土

在挖土施工中，各桩点尽量不要破坏，可以在各桩点处留出土台，待人工湖开挖接近完成时，再将此土台挖掉。机械挖土采用端头挖土法，挖掘机分别从待挖湖区域的南边作业线及西边湖岸线开挖，自西向东，自南向北。以前进行驶的方法进行开挖，自卸汽车配置在挖掘机的两侧装运土。边挖边检查湖体边坡线及湖体施工标高，同时检查湖岸坡度。边坡一般用人工修整，利用边坡样板来控制边坡坡度，达到设计边坡要求，不符合时可及时修整。

当挖土出现浅层滑坡时，如滑坡土方量不大，应将滑坡体全部挖除；如土方量较大，可对滑坡体采取深翻、推压、表面压实等措施进行处理。

挖土自上而下水平分段分层进行，挖掘机挖到湖底设计标高以上20 cm后，用推土机推平、清理，湖底部应尽量整平，不留土墩，以便湖里养鱼。开挖过程中，设专人监控开挖深度、坡度，随时为挖掘机司机指示湖底余量。

5. 运土

根据施工现场实际，选择好运土路线，明确卸土准确位置，最好将土运至待堆筑的土山附近，便于日后的土山施工。对于施工地段的表层熟土（即20 cm左右的耕作层），应单独存放，堆积高度控制在1.5 m，无须压实，以便日后用作种植土使用。

6. 压土

湖底土层须整平压实。如果不做混凝土面层，可选用黏质土，每层铺土厚度为 20~30 cm，压实 6~8 遍，压实密实度达到设计要求，以防止水的渗漏，四周做上护坡。

第三节 堆山工程施工

一、工程描述

堆山工程因土山地形较多，能否按图堆造土山地形，将影响整个工程整体效果。园林堆山工程应力求趋于自然，按地形设计走向可分为主脉和副脉、次脉，尔后标定主峰、次峰和鞍部，形成脊（分水岭）及谷（合水线）。一般要求地形的降差不得过大，视其长度和幅度的变化，主峰的标高应按设计要求控制；地面降差也不能过急，应控制坡度在 45°以下为宜，可以增加坡面角度来调节，减缓施工时的难度，利于堆造后山体的水土保持。在山土堆造过程中，土质黏沙适中，分层压实，确保地形稳固。按设计要求做到形、质到位。

二、工程分析

园林土山堆造属于填方工种，但土山的堆填不像一般填方工程那样简单，而是需要施工中技术人员严格把关的一项工作。施工中应当按照土山设计图，随时检查堆土的准确性和土山地形与设计图的吻合性。具体应解决好以下几个问题。

①正确识别堆山工程施工图，准确把握设计人员的设计意图。
②利用所学的堆山工程基础知识编制切实可行的施工组织方案。
③根据堆山工程的特点进行有效的施工现场管理、指导和协调工作。
④做好堆山后的成品修整和保护工作。
⑤做好堆山竣工验收的准备工作。

三、工程设计

随着国民经济的进一步发展，人们对自然、对生态的渴望越来越高，特别是城市的人们置于钢筋水泥的包围中，非常渴望在身边能看到形似自然界的丘陵、山谷、湖泊、小溪，近几年堆筑山体高差超过 5 m 的也越来越多，因此土山体的堆筑亦成为堆山工程的重要部分。堆山工程因土山地形较多，所以能否按图堆造土山地形，将影响整个工程的整体效果。

（一）堆山工程基本知识

1. 堆山工程简述

园林工程中的堆山工程，是根据园林绿地的总体规划要求，对现场的地面进行填、挖、堆筑等，为园林工程建设营造出一个能够适应各种项目建设、更有利于植物生长的地形。比如，对于园林建筑物、园林小品的用地，要整理成局部平地地形，便于基础的开挖；对于堆土造景，可以整理成高于原地形标高的地块、场地上的建筑硬块，并且进行夯实处理，作为园路、广场的基层；对于绿化种植用地，则可以种地，也可以填筑建筑硬块，其表面土层厚度必须满足植物栽植要求；土质必须是符合种植土要求的土壤，严禁将场地内的建筑垃圾及有毒、有害的材料填筑在绿化种植地块。

2. 堆山工程相关术语

（1）竣工坡度

它是所有景观开发工程结束后的最终坡度，是草坪、移植床、铺面等的上表面，通常在修坡平面图上用等高线和点高程标出。

（2）地基

表面材料如表土层和铺面（包括基础材料）被放在地基上面。地基回填情况下的顶面和开挖情况下的底面代表地基。夯实地基是指必须达到一个特定的密度，而不干扰地基是指地基土没有被开挖或没有任何形式上的变化。

（3）基层、底基层

它是填充的材料（通常是粗的或细的骨料），通常放在铺面下面。

（4）竣工标高

竣工标高通常是结构第一层的标高，但也可用来表示结构任何一层的标高。竣工标高和外部竣工坡度的关系取决于结构的类型。

（5）开挖

开挖是移走土的过程。是拟建的等高线向上方延伸，越过现有的等高线。

①标明现有的和拟建的等高线平面图。在拟建的等高线向上方出现开挖，而在它们向下方移动的地方出现回填。

②断面图表示出从开挖变化到回填的地方和拟建地面回到现有地面的地方。这两种情况都称为无开挖和无回填。

（6）回填

回填是添加土的过程。拟建的等高线向下坡方向延伸，越过现有等高线。当回填材料必须输入场地时，也经常称为借土。

（7）压实

在控制条件下土的压实，特别是指特定的含水量。

（8）表层土

表层土通常是土壤断面的最上面一层，厚度范围可以从低于 25 mm 到超过 300 mm。表层土有机含量很高，很易于分解，所以对结构来说不是合适的地基材料。

3. 堆山工程要求

①在园林土方造型施工中，堆山工程表层土的土层厚度及质量必须达到对栽植土的要求。

②堆山工程的施工既要满足园林景观的造景要求，更要考虑土方造型施工中的安全因素，应严格按照设计要求，并结合考虑土质条件、填筑高度、地下水位、施工方法、工期因素等。

③土壤的种类、土壤的特性与土方造型施工紧密相关，填方土料应符合设计要求，保证填方的强度和稳定性，无设计要求时，应符合下列规定。

a. 碎石类土、砂石和爆破石渣可用于离设计地形顶面标高 2 m 以下的填土。

b. 含水量符合压实要求的黏性土，可做各层填料。

c. 淤泥和淤泥质土，一般不能用作填料，但在软土或沼泽地区，经过处理，含水量符合压实要求，可用于填方中的次要部位。

d. 填土应严格控制含水量，施工前应检验。当土的含水量大于最优含水量范围时，应采用翻松、晾晒、风干法降低含水量，或采用换土回填、均匀掺入干土或其他吸水材料等措施来降低土的含水量。若由于含水量过大夯实时产生橡皮土，应翻松晾干至最佳含水量时再填筑。如含水量偏低，可采用预先洒水润湿。土的含水量的建议鉴别方法是：土握在手中成团，落地开花，即为土的最优含水量，通常控制在 18%~22%。

e. 填方宜尽量采用同类土填筑。如果采用两种透水性不同的土填筑时，应将透水性较大的土层置于透水性小的土层之下，边坡不得用透水性较小的土封闭，以免填方形成水囊。

f. 挖方的边坡，应根据土的物理学性质确定。人工湖开挖的边坡坡度应按设计要求放坡，边坡台阶开挖，应随时做成坡势，以利泄水。

（二）堆山工程的准备工作

1. 技术准备

①熟悉复核竖向设计的施工图纸，熟悉施工地块内的土层的土质情况。

②阅读地质勘察报告，了解堆山工程地块的土质及周边的地质情况、水文勘察资料等。

③测量放样，设置沉降及水平位移观测点，或观测柱。在具体的测量放样时，可以根据施工图及城市坐标点、水准点，将土山土丘、河流等高线上的拐点位置标注在现场，作为控制桩并做好保护。

④编制施工方案，绘制施工总平面布置图，提出土方造型的操作方法，提出须用施工机具、劳动力、推广新技术计划，较深的人工湖开挖还应提出支护、边坡保护和降水方案。

2. 人员准备

组织并配备土方工程施工所需各专业技术人员、管理人员和技术工人；组织安排作业班次；制定较完善的技术岗位责任制和技术、质量、安全、管理网络；建立技术责任制和质量保证体系；对拟采用的土方工程新机具、新工艺、新技术，组织力量进行研制和试验。

3. 设备准备

做好设备调配，对进场挖土、推土、造型、运输车辆及各种辅助设备进行维修检查，试运转，并运至使用地点就位。

4. 施工现场准备

①土方施工条件复杂，施工时受地质、水文、气候和施工周围环境的影响较大，因此应充分掌握施工区域内地下障碍物和水文地质等各种资料数据，核查并确认可能影响施工质量的管线、地下基础及其他地下障碍物，用于指导施工。充分估计施工中可能产生的不良因素，制定各种相应的预防措施和应急手段，并在开工前做好必要的临时设施，包括临时水、点、照明和排水系统，以及施工便道的铺设等。

②在原有建筑物附近挖土和堆筑作业时，应先考虑到对原建筑物是否有外力的作用因而引起危害，做好有效的加固准备及安全措施。

③在预定挖土和堆筑土方的场地上，应将地表层的杂草、树墩、混凝土地坪预先加以清除、破碎并运出场地，对需要清除的地下隐蔽物体，由测量人员根据建设单位提供的准确位置图，进行方位测定，挖出表层，暴露出隐蔽物体后，予以清除。然后进行基层处理，由施工单位自检、建设或监理单位验收，未经验收不得进入下一道堆山工程的工序。

④在整个施工现场范围，必须先排除积水。然后开掘明沟使之相互贯通，同时开掘若干集水井，防止雨天积水，确保挖掘和堆筑的质量，以符合最佳含水标准。

⑤开挖和堆筑在按图放样定位、设置准确的定位标准及水准标高后，方可进行作

业。特别是在城市规划区内，必须在规划部门勘察的建筑界线范围内进行测量点位，并经有关单位核查无误后，方可开工。

⑥堆山工程施工开工前，必须办妥各种进出土方申报手续和各种许可证。

（三）堆山工程的土方工程量计算

在整个堆山工程的施工过程中，土方工程量的计算是一个非常重要的环节，在进行编制堆山工程的施工方案或编制施工预算书时，或进行土方的平衡调配及检查验收土方工程时，都要进行工程量的计算。土方工程量计算的实质是计算出挖方或填方的土的体积，即土的立方体量。

土方量计算的常用方法是方格网法，其计算步骤有以下4点。

1. 划分方格网

根据已有地形图将欲计算场地划分为若干个方格网。将自然地面标高与设计地面标高的差值，即各角点的施工高度，写在方格网的左上角，挖方为"+"，填方为"−"。

2. 计算零点位置

在一个方格网内如果有填方或挖方时，应先算出方格网边上的零点的位置，并标注于方格网上，连接零点即得填方区或挖方区的分界线。

3. 计算土方的工程量

按方格网底面积图形和体积计算公式计算出每个方格内的挖方或填方量。

4. 计算土方总量

将挖方或填方区所有土方计算量汇总，即得该场地挖方和填方的总土方量。

（四）土方的平衡与调配

计算出土方的施工标高、挖填区面积、挖填区土方量，并考虑各种变化因素，考虑土方的折算系数进行调整后，应对土方进行综合平衡与调配。土方平衡与调配工作是土方施工的一项重要内容，其目的在于取弃土量最少、土方运输量或土方运输成本为最低的条件，确定填、挖方区土方的调配方向和数量，从而达到缩短工期和提高经济效益的目的。

进行土方平衡与调配，必须综合考虑工程和现场情况、进度要求和土方施工方法以及分期分批施工工程的土方堆放和调运问题，经过全面研究，确定平衡调配的原则之后，才可着手进行土方平衡与调配工作，如划分调配区，计算土方的平均运距、单位土方的运价，确定土方的最优调配方案。

1. 土方的平衡与调配原则

①与填方基本平衡，减少重复倒运。

②填方量与运距的乘积之和尽可能为最小，即总土方运输量或运输费用最小。

③土应该用在回填密实度要求较高的地区，以避免出现质量问题。

④土或弃土尽量不要或者少占用农田，弃土尽可能有计划地造田。

⑤区域调配应该与全场调配相协调，避免只顾局部平衡，任意挖填而破坏全局平衡。

⑥选择恰当的调配方向、运输路线、施工顺序，避免土方运输出现对流和乱流现象，同时便于机械调配、机械化施工。

2. 土方平衡与调配的步骤和方法

土方平衡与调配需要编制相应的土方调配图，其步骤有以下几点。

第一，划分调配区。在平面图上先划出挖填区的分界线，并在挖方区和填方区适当划出若干的调配区，确定调配区的大小和位置。划分时应注意以下几点。

①划分应和房屋及构筑物的平面位置相协调，并考虑开工顺序、分期施工顺序。

②调配区的大小应能满足土方施工用主导机械的行驶操作尺寸要求。

③调配区的范围应满足和土方工程量计算用的方格网相协调。一般若干个方格组成一个调配区。

④当土方运距较大或场地内土方调配不能达到平衡时，可考虑就近借土或弃土，此时一个借土区和一个弃土区可以作为一个独立的调配区。

第二，计算各个调配区的土方量并标注在图上。

第三，计算各挖方、填方之间的平均运距，即挖方区土方的重心和填方区土方重心的距离，可用作图法近似地求出重心位置以代替重心坐标。重心求出后，标于图上，用比例尺量出每对调配区的平均运距。

第四，制订土方最优调配方案，使总土方运输量为最小值，即为最优调配方案。

综合上述堆山工程的土方工程量计算和土方平衡与调配，实际上是采用计算的方法，计算出挖方和填方的体积，然后采用最短运距，把高处设计的土方填至低于设计高程的地方。

（五）堆山方法与验收要求

1. 堆山方法

堆山工程的方法是采用机械和人工结合的方法，对场地内的土方进行填、挖、堆筑等，整造出一个能适应各种项目建设需要的地形。

（1）土山体堆筑填料的选择

土山体的堆筑、填料应符合设计要求，保证堆筑土山体土料的密实度和稳定性。当在有地下构筑物的顶面堆筑较高的土山体时，可考虑在土山体的中间放置轻型填充材料，如 EPE 板等，以减轻整个山体的重量。

（2）土方堆筑时对地基的要求

土方堆筑时，要求对持力层地质情况做详细了解，并计算出山体重量是否符合该地块地基最大承载力，如大于地基承载力则可采取地基加固措施。地基加固的方法有：打桩、设置钢筋混凝土结构的筏形基础、箱型基础等，还可以采用灰土垫层、碎石垫层、三合土垫层等，并且进行强夯处理，以达到符合山体堆筑的承载要求。

（3）土山体堆筑方法

土山体的堆筑，应采用机械堆筑的方法，采用推土机填土时，填土应由下而上分层堆筑，每层虚铺厚度不大于 50 cm。

（4）土山体的机械压实

①用推土机来回行驶进行碾压，履带应重叠 1/2，填土可利用汽车行驶进行部分压实工作，行车路线须均匀分布于填土层上，汽车不能在虚土上行驶，卸土推平和压实工作须采用分段交叉进行。

②为保证填土压实的均匀性及密实度，避免碾轮下陷，提高碾压效率，在碾压机械碾压之前，宜先用轻型推土机、拖拉机推平，低速预压 4~5 遍，使表面平整。

③压实机械压实填方时，应控制行驶速度，一般平碾、振动碾不超过 2 km/h；并要控制压实遍数。当堆筑接近地基承载力时，未做地基处理的山体堆筑，应放慢堆筑速率，严密监测山体沉降及位移变化。

④已填好的土如遭水浸，应把稀泥铲除后，方可进行下一道工序。填土区应保持一定横坡，或中间稍高两边稍低，以利于排水。当天填土，应当天压实。

⑤土山体密实度的检验。土山体在堆筑过程中，每层堆筑的土体均应达到设计的密实度标准，若设计未定标准则应达到 88% 以上，并且进行密实度检验，一般采用环刀法，才能填筑上层。

⑥土山体的等高线。山体的等高线按平面设计及竖向设计施工图进行施工，在山坡的变化处，做到坡度的流畅，每堆筑 1 m 高度对山体坡面边线按图示等高线进行一次修整。采用人工进行作业，以符合山形要求。整个山体堆筑完成后，再根据施工图平面等高线尺寸形状和竖向设计的要求自上而下对整个山体的山形变化点精细地修整一次。要求做到山体地形不积水，山脊、山坡曲线顺畅柔和。

⑦土山体的种植土。土山体表层种植土要求按照相关条文执行。

⑧土山体的边坡。土山体的边坡应按设计的规定要求。如无设计规定，对于山体部

分大于 23.5°自然安息角的造型，应增加碾压次数和碾压层。条件允许的情况下，要分台阶碾压，以达到最佳密实度，防止出现施工中的自然滑坡。

2. 堆山工程的验收

堆山工程的验收，应由设计、建设和施工等有关部门共同进行验收。

①通过土工试验，土山体密实度及最佳含水量应达到设计标准。检验报告齐全。

②土山体的平面位置和标高均应符合设计要求，立体造型应体现设计意图。外观质量评定通常按积水点、土体杂物、山形特征表现等几方面评定。

③雨后，土山体的山凹、山谷不积水，土山体四周排水通畅。

④土山体的表层土符合《城市绿化工程施工及验收规范》中的相关条文要求。

四、任务实施

（一）平整场地

按设计要求平整场地。

（二）堆筑土山

1. 清理现场

在施工现场，将地表层的杂草、树墩等障碍物除掉并运出场地，对需要清除的地下隐蔽物体，由测量人员根据建设单位提供的准确位置图，进行方位测定，挖出隐蔽物体后，予以清除。

2. 定点放线

先在土山施工图上做方格网，方格边长为 1 cm×1 cm。用经纬仪或全站仪将方格网放到地面上，把设计的地形等高线和方格网的交点，在地面上标出并打上木桩。由于山体不高为 3.5 m，可用长竹竿做标高桩，在桩上把每层标高定好，不同层可用不同颜色标志，以便施工者识别。

3. 挖土

利用挖人工湖时的土方进行堆筑土山。如土方量不够，可选择在土山中间夹一些建筑垃圾，也可进行外来取土。但不能选用腐殖土、生活垃圾土及淤泥作为堆筑材料。

4. 运土

土方的运输和下卸，应以设计的山头为中心结合来土方向进行安排。一般以环形线为宜，车不走回头路，也不交叉穿行，不会出现顶流拥挤。

5. 填土

土方堆筑时，要求地面应有一定的承载力，根据设计要求，如山体的重量大于地块的承载力，则采取加固措施。可选用灰土垫层、碎石垫层、三合土垫层等，并进行强夯处理，达到符合山体堆筑的承载要求。

检验回填上料的种类、粒径，有无杂物，是否符合规定，以及土料的含水量是否在控制的范围内。如含水量偏高，可采用翻松、晾晒或均匀掺入干土等措施；如遇回填土的含水量偏低，可采用预先洒水润湿等措施。

土山体的堆筑，应采用机械堆筑的方法，采用推土机填土时，填土应由下而上分层堆筑，每层虚铺厚度不大于 50 cm。

6. 压土

压土时，用推土机来行驶进行碾压，履带应重叠 1/2，填土可利用汽车行驶做部分压实工作，行车路线须均匀分布于填土层上，汽车不能在虚土上行驶，卸土推平和压实工作须采用分段交叉进行。

在机械施工碾压不到的填土部位，应配合人工推土填充，用蛙式夯或柴油打夯机分层夯打密实。

回填土方每层压实后，应按规范进行取样检验，测出干土的质量密度、压实度，达到要求后，再进行上一层的铺土。

填方全部完成后，表面应进行拉线找平，凡超过标准高程的地方，应及时依线铲平，凡低于标准高程的地方，应补土夯实。

土山体的边坡应按设计的规定要求。如无设计规定，对于山体部分大于 23.5° 自然安息角的造型，应该增加碾压次数和碾压层。条件允许的情况下，要分台阶碾压，以达到最佳密实度，防止出现施工中的自然滑坡。

（三）质量标准

①基底处理必须符合设计要求或施工规范的规定。

②回填的土料，必须符合设计要求或施工规范的规定。

③回填土必须按规定分层夯压密实，取样测定压实后的干土质量密度，其合格率不应小于90%，不合格的干土质量密度的最低值与设计值的差，不应大于 0.08 g/cm³，且不应集中，环刀取样的方法及数量应符合规定。

（四）成品保护

①施工时，对定位标准桩、轴线控制桩、标准水准点及桩木等，填运土方时不得碰

— 21 —

撞，并应定期复测检查这些标准桩点是否正确。

②夜间施工时，应合理安排施工顺序，要有足够的照明设施，防止铺填超厚，严禁用汽车直接将土倒入基坑（槽）内，但大型地坪与堆山工程不受限制。

③基础的现浇混凝土应达到一定强度，不致因回填土而受破坏时，方可回填土方。

（五）应注意的质量通病

①未按要求测定土的干土质量密度：回填土每层都应测定夯实后的干土质量密度，符合设计要求后才能铺摊上层土。试验报告要注明土料种类、试验日期、试验结论及试验人员签字。未达到设计要求的部位，应有处理方法和复验结果。

②回填土下沉：因虚铺土超过规定厚度，或夯实不够遍数，甚至漏夯。基底有机物或树根、落土等杂物清理不彻底原因，造成回填土下沉，为此，应在施工中认真执行规范的有关规定，并要严格检查，发现问题及时纠正。

③回填土夯压不密实：应在夯压时对干土适当洒水加以润湿；如可填土太湿同样夯不密实呈"橡皮土"现象，这时应将橡皮土挖出，重新换好土夯实处理。

④在地形、工程地质复杂地区内填方，且对填方密实度要求较高时，应采取措施（如排水暗沟、护坡桩等），以防填方土粒流失，造成不均匀下沉和坍塌等事故。

⑤填方基土为渣土时，应按设计要求加固地基，并要妥善处理基底下的软硬点、空洞、旧基以及暗塘等。

⑥回填管沟时，为防止管道中心位移或损坏管道，应用人工先在管子周围填土夯实，并应从管道两边同时进行，直至管顶0.5 m以上，在不损坏管道的情况下，方可采用机械回填和夯实。在抹带接口处，防腐绝缘层或电缆周围，应使用细粒土料回填。

⑦填方应按设计要求预留沉降量，如设计无要求时，可根据工程性质、填方高度、填料种类、密实要求和地基情况等，与建设单位共同确定（沉降量一般不超过填方高度的3%）。

第二章 风景园林园路铺装工程施工

第一节 园路的线形设计与施工

园路的线形是在园路总体布局的基础上确定的，在设计与施工手法上可分为平曲线设计和竖曲线设计两种。平曲线设计包括确定道路的宽度、平曲线半径和曲线加宽等，竖曲线设计包括道路的纵横坡度、弯道、超高等。园路的线形设计与施工应充分考虑造景的需要，以达到蜿蜒起伏、曲折有致的效果。另外，应尽可能利用原有地形，以保证路基稳定并减少土方工程量。

一、园路平曲线设计与施工

（一）平曲线设计与施工的基本内容与要求

平曲线设计就是具体确定园路在平面上的位置，根据勘测资料和园路性质等级要求以及风景景观之需，定出园路中心线的位置和园路的宽度，确定直线段，选用平曲线半径，合理解决曲线、直线的衔接，恰当地设置超高、加宽路段，保证安全视距，绘出园路平面设计图。

平曲线设计的总体要求是平顺、便捷、经济，以及艺术要求下必要的曲折。

（二）平曲线设计方法

当道路由一段直线转到另一段直线上去时，其转角的连接部分采用圆弧形曲线，这个圆弧曲线就叫作平曲线。平曲线设计是为了缓和行车方向的突然改变，保证汽车行驶的平稳安全，或保证游步道的自然顺畅，它的半径即是平曲线半径，平曲线最小半径取值为 10~30 m。

自然式园路曲折迂回，在平曲线变化时主要由下列因素决定：①园林造景的需要；②当地地形、地物条件的要求；③在通行机动车的地段上行车安全的要求。在条件困难的个别地段上，若不考虑行车速度，只要满足汽车本身的最小转弯半径即可。因此，其转弯半径不得小于 6 m。在考虑行车速度时，平曲线设计应注意以下几个方面。

1. 曲线加宽

车辆在弯道上行驶，由于前后轮的轮迹不同，外侧前轮转弯半径大，同时车身所占宽度也较直线行驶时为大。半径越小，这一情况越显著，所以在小半径弯道上，弯道内侧的路面要适当加宽。

2. 行车视距

车辆行驶中，必须保证驾驶员在一定距离内能观察到路上的一切情况，以便有充分时间采用适当的措施，防止交通事故的发生，这个距离称为行车视距。

行车视距的长短与车辆的制动效果、车速及驾驶员的技术反应时间有关。行车视距又分停车视距和会车视距。停车视距是指驾驶员在行驶过程中，从看到同一车道上的障碍物时，开始刹车到达障碍物前安全行车的最短距离。会车视距是指两辆汽车在同一条行车道上相对行驶发现对方时来不及或无法错车，只能双方采取制动措施，使车辆在相撞之前安全停车的最短距离。积雪或冰冻地区的停车和会车视距宜适当增长。

为保证行车安全，道路转弯处必须空出一定的距离，使司机在这个范围内能看到对面或侧方来往的车辆，并有一定的刹车和停车时间，而不致发生撞车事故。根据两条相交道路的停车视距，在交叉路口平面图上绘出的三角形，叫作交叉口视距三角形，在视距三角形范围内不得存在任何妨碍驾驶员视线的障碍物。

（三）平曲线的衔接

平曲线的衔接是指两条相邻的平曲线相接，分为以下 3 种。

1. 同向曲线

同向曲线即相邻曲线直接同向衔接。如在两同向曲线上所设的超高横坡不等，则在半径较大的曲线内，设置由一个超高过渡到另一个超高的缓和段。当同向曲线间有一短直线段插入，其长度小于超高缓和段所需的长度时，则最好把同向两曲线改成一条曲线，可增大其中一条曲线的半径，使两曲线直接相接。无法改变时，在短直线段内不宜做成双向横坡，而要做成单向横坡。

2. 反向曲线

反向曲线即相邻曲线直接反向衔接。半径大到不设超高的反向曲线，可直接相接；反向曲线段均设超高时，则须在其中插入一直线段，以便将两边的不同超高在直线段上实施。

3. 断背曲线

断背曲线即相邻曲线间插入直线段。

二、园路竖曲线设计与施工

（一）园路横断面设计与施工

1. 园路横断面的组成

园路的横断面就是垂直于园路中心线方向的断面，它关系到交通安全、环境卫生、用地经济、景观等。

园路横断面设计，在园林总体规划中所确定的园路路幅或在道路红线范围内进行，它一般由车行道、人行道、分车带、绿化带、设施带等组成，特殊断面还可包括应急车道、路肩和排水沟等，具体内容依据道路功能、等级和设计要求而定。

园路的宽度与该园林的规模及园路的级别相关。一般来说，应以满足功能要求，并尽量少占绿地为宜。同时，园路也可以根据功能需要采用变断面的形式，如转折处不同宽狭，座凳、座椅处外延边界，路旁的过路亭、园路和小广场相结合等。这样宽狭不一、曲直相济，反倒使园路多变、生动起来，做到一条路上休闲、停留和人行、运动相结合，各得其所。

2. 园路横断面的设计

①车行道设计：风景园林道路交通量小，车速不高，荷载不大，一般每条车道宽 3.0~3.75 m 比较适当。带有路肩式的横断面，机动车、非机动车都可以灵活借用，错车颇为方便。

②路拱与横坡设计：道路横坡应根据路面宽度、路面类型、纵坡及气候条件确定，一般宜采用 1.0%~2.0%；快速路及降雨量大的地区宜采用 1.5%~2.0%；严寒积雪地区、透水路面宜采用 1.0%~1.5%。为使道路上地面水，包括园林草坪等地面水迅速排入道路两侧的明沟或雨水口内，单幅路应根据道路宽度采用单向或双向路拱横坡；多幅路应采用由路中线向两侧的双向路拱横坡；人行道宜采用单向横坡。

③自行车道设计：一般一条自行车车道的设计宽度 1.5 m，两条车道的 2.55 m。

④结合地形设计道路横断面：在自然地形起伏较大地区设计道路横断面时，如果道路两侧的地形高差较大，结合地形布置道路横断面的形式有以下 3 种。

a. 结合地形将人行道与车行道设置在不同高度上，人行道与车行道之间用斜坡隔开，或用挡土墙隔开。

b. 将两个不同行车方向的车行道设置在不同高度上。

c. 结合岸坡倾斜地形，将沿河一边的人行道布置在较低的不受水淹的河滩上，供人们散步休息之用。车行道设在上层，以供车辆通行。

（二）园路纵断面设计与施工

1. 园路纵断面设计的主要内容

①确定路线合适的标高。

②设计各路线的纵坡和坡长。

③保证视距要求，选择竖曲线半径。

2. 园路纵断面线形设计要求

①园路一般根据造景的需要，随地形的变化而起伏变化，线形平顺，保证行车安全并满足车速需要。

②在满足造园艺术要求的情况下，尽量利用原地形，保证路基的稳定，并减少土方量，清除过大的纵坡和过多的折点。

③保证与相交的道路、广场、沿路建筑物和出入口有平顺的衔接。

④园路应配合组织园内地面水的排出，并与各种地下管线密切配合，共同达到经济合理的要求；应保证路两侧的街道或草坪及路面水的通畅排泄，必要时还应辅以锯齿形边沟设计，以解决纵坡过于平坦的问题。

⑤纵断面控制点（如相交道路、铁路、桥梁、最高洪水位、地下建筑物等）必须与道路平面控制点一起加以考虑。

（三）园路纵横坡及竖曲线

1. 园路的纵横坡度

对于城市中的建筑基地而言，基地内各类道路的横坡宜为 1%~2%；机动车道的纵坡不应该小于 0.2%，亦不应大于 8%，多雪严寒地区不应该大于 5%；非机动车道的纵坡不应小于 0.2%，宜不应大于 3%，多雪严寒地区不应大于 2%；步行道的纵坡不应小于 0.5%，亦不应大于 8%，多雪严寒地区不应大于 4%。基地内人流活动的主要地段应该设置无障碍人行道，其纵坡不宜大于 2.5%。

对于城市绿地和景区而言，园路的线形设计应与地形、水体、植物、建筑物、铺装场地及其他设施结合，形成完整的风景构图；创造连续展示园林景观的空间或欣赏前方景物的透视线；道路应随地形曲直、起伏，路的转折、衔接应通顺，符合游人的行为规律。一般主园路应有坡度为 8% 以下的纵坡和坡度为 1%~4% 的横坡，纵、横坡不得同时无坡度，以保证路面水的排出，积雪或冰冻地区的道路最大纵坡一般不应大于 6%。山地公园的主园路纵坡应小于 12%。道路最小纵坡一般不应小于 0.3%，否则应设置锯齿形边沟或采取其他排水设施。主园路不宜设梯道，必须设梯道时，纵坡宜小于 36%。支路和小路的纵坡宜小于 18%。纵坡超过 15% 路段，路面应做防滑处理；纵坡超过 18%，宜按台阶、梯道设计，台阶级数不得少于 2 级，坡度大于 58% 的梯道应做防滑处理，并宜设置护栏设施。

通往孤岛、山顶等卡口的路段，宜设通行复线；必须沿原路返回的，宜适当放宽路面。应根据路段行程及通行难易程度，适当设置供游人短暂休憩的场所；依山、临水且对游人存在安全隐患的道路，应设置防护栏杆，栏杆高度须大于 1.05 m。

园路及铺装场地应根据不同功能要求确定其结构和饰面。面层材料应与城市绿地风格相协调，并宜与城市道路有所区别。不同材料路面的排水能力不同，因此，各类型路面对纵横坡度的要求也不同。

2. 竖曲线

一条道路总是上下起伏，在起伏转折的地方，由一条圆弧连接，这种圆弧是竖向的，工程上把这样的弧线叫竖曲线。竖曲线应考虑会车安全。

（四）弯道与超高

当汽车在弯道上行驶时，产生的横向推力叫作离心力。离心力的大小与车行速度的平方成正比，与平曲线半径成反比。为了防止车辆向外侧滑移，抵消离心力的作用，就要把路的外侧抬高。当地形、地物受限制，但仍要保证一定车速时，需要将弯道外侧横坡抬起来，形成单一向内倾斜的路面横坡，这就是超高横坡的设计。在设计时，应考虑到在道路曲线段维持路中线标高不变，抬高路面外边缘的标高，使此处路面横坡达到超高横坡。超高横坡从曲线的起点一开始就应达到全值，但直线路段的双面横坡不能一下子突变到曲线起点的单向超高横坡值，所以在曲线起点前，须有一超高缓和段插入，以便在此缓和段内把双向横坡逐渐过渡到单向超高横坡值。

三、公共停车场和城市广场

（一）停车场设计

停车场是为汽车提供停车服务的场所，为了便于使用、管理和疏散，宜布置在车行道毗连的专用场地上。停车场采用车辆露天集中停放方式，集中设置停车场要注意控制规模，过大的停车场不仅占地多、使用不便，同时有碍观瞻。停车场和停车位均应做好绿化，增加绿荫保护车辆、防止暴晒、降解噪声和空气污染。机动车停车场内的停车方式应以占地面积小、疏散方便、保证安全为原则。

1. 停车场的车辆停放方式

（1）平行式

即车辆平行于通道停放。这种形式所需停车带窄，车辆出入方便，适宜停放不同类型、不同车身长度的车辆。但每车位停车面积大，一定长度内停放车辆数最少。

（2）斜列式

即车辆与通道成斜交角度停放，一般有 30°、45°、60° 3 种角度。这种形式停车带宽度随车身长度和停放角度而异，场地形状适应性强，车辆停放比较灵活，出入方便，适用于场地宽度受限制的停车场，但每车位占地面积较大。

（3）垂直式

即车辆垂直于通道停放。这种形式一定长度内停放的车辆数最多，用地较省，停车紧凑，出入方便，但停车带较宽（以最大型车的车身长度为准），车辆进出车位要倒车一次，须留较宽的通道。

2. 停车场设计的相关要求

（1）停车场用地面积

停车场的平面设计应有效地利用场地，合理安排停车区及通道。机动车停车场内车位设计应根据使用要求分区、分车型设计。如有特殊车型，应按实际车辆外廓尺寸进行设计。

一般按小汽车 25~30 m²/辆计算，然后乘以不同车辆的换算系数。

（2）停车场出入口

出入口是停车场与外部道路连接点、车辆出入的通道，应清除视距三角形范围内的障碍物，做到视线通畅。机动车停车场的出入口距大中城市干道交叉口的距离，自道路红线交点量起，不应小于 70 m；距人行天桥、地道和桥梁、隧道引道应大于 50 m；距非道路交叉口的过街人行道最边缘不应小于 5 m；距公交站台边缘不应小于 10 m。

停车场出入口位置及数量应根据停车容量及交通组织确定，且不应少于两个，其净距宜大于 30 m；条件困难或停车容量小于 50 辆时，可设一个出入口，但其进出口应满足双向行驶的要求。停车场进出口净宽，单向通行的不应小于 5 m，双向通行的不应小于 7 m。

3. 自行车停车场设计

自行车停车场原则上不设在交叉路口附近。出入口应不少于两个，宽度不小于 2.5 m。自行车停车方式应以出入方便为原则。

4. 停车场地坪

停车场地坪应平整、坚实、防滑，一般宜采用混凝土刚性结构，竖向设计应与排水相结合，坡度宜为 0.3%～3.0%。"生态型"停车场是目前比较提倡的形式，地面和路面不做全封闭式铺砌层，而改为铺设带孔槽的混凝土预制块或留出较多间隙，以利草皮通过孔隙生长。可以减少地面径流，使水流下渗，同时也大大缓解了停车场地面的温度上升及反光效应，在一定程度上保护了生态环境。

5. 景区停车场设计原则

景区停车场是为游客使用的汽车提供停车服务的场所，规划停车场时要尽量避免对景区的环境和景观造成破坏。景区的停车场应成为景观，避免采用使车辆暴晒的大面积硬化停车场，提倡采用生态型停车场。国外有景区采用太阳能电池板或太阳能集热器作为停车场的车棚，这种车棚既可防止车辆暴晒，又可以为景区提供绿色电源。景区中常见的车辆类型有大型客车、中型客车、小轿车以及摩托车和电瓶车。

（1）强调自然协调

景区停车场规划的首要问题是"自然"，包括场地本身的"自然"及与周围风景衔接的"自然"，最好是借用自然的地形，就势建造。

（2）分区停放、灵活布置

宜采用组团式、分散式的布局，以灌木为隔离线，用高大乔木遮荫。停车场内大客车与小汽车要分区停放，用绿化及道路划分出各自的停车空间。小汽车停车场常常结合场地地形及建筑物布置情况灵活分散成几个组来布置。

（3）尽量留地于人

有条件的地方应尽量将停车场建在地下或水下，腾出地面空间用于建游园和绿化。有些景区旅游的季节性非常强，旺季停车位严重不足，为避免破坏环境，不适合再修建新停车场的景区可考虑建造临时停车场。

（二）城市广场设计

城市广场按其性质和用途可分为公共活动广场、集散广场、交通广场、纪念性广场与商业广场等。广场竖向设计应根据平面布置、地形、周围主要建筑物及道路标高、排水等要求进行，并兼顾广场整体布置的美观。广场设计坡度宜为 0.3%～3.0%，地形困难时，可建成阶梯式。与广场相连接的道路纵坡宜为 0.5%～2.0%，困难时纵坡不应大于 7.0%，积雪及寒冷地区不应大于 5.0%。

公园绿地中的广场规模较城市广场小，布局更灵活一些，应根据集散、活动、演出、赏景、休憩等使用功能要求做出不同设计。以集散人流为主的场地，大多设在出入口内外或大型园林建筑前面，在主次园路相交处，有时也有一定面积的广场出现。以休息活动为主的场地，有林中草地、水边草坪、山上眺望台以及由亭廊、花架围合而成的各种休息活动场所。演出场地应有方便观赏的适宜坡度和观众席位。这些广场不论大小，除了实用功能外，还有很重要的装饰意义。传统园林中的广场，在其周围常与假山花台、峭壁山等结合；而在现代园林中，在其周围则常用乔、灌木花带等构成闭合或半闭合空间，用花坛、喷泉或雕塑装饰广场的中心或聚景的焦点。

四、园路的无障碍设计

随着现代社会的发展，残障事业越来越受到重视，城市道路、城市广场、城市绿地、居住区均须考虑无障碍需求的设计。

（一）城市绿地的无障碍设计

城市中的各类公园，包括综合公园、社区公园、专类公园、带状公园、街旁绿地等，以及附属绿地中的开放式绿地、向公众开放的其他绿地，都应便于残障人士使用，园路的设计也应该实现无障碍设计。

1. 无障碍游览路线

①无障碍游览主园路应结合公园绿地的主路设置，应能到达部分主要景区和景点，并宜形成环路，纵坡宜小于5%，山地公园绿地的无障碍游览主园路纵坡应小于8%；无障碍游览主园路不宜设置台阶、梯道，必须设置时应同时设置轮椅坡道。

②无障碍游览支园路应能连接主要景点，并和无障碍游览主园路相连，形成环路；小路可到达景点局部，不能形成环路时，应便于折返，无障碍游览支园路和小路的纵坡应小于8%；坡度超过8%时，路面应做防滑处理，并且不宜通行轮椅。

③园路坡度大于8%时，宜每隔10~20 m在路旁设置休息平台。

④紧临湖岸的无障碍游览园路应设置护栏，高度不低于0.9 m。

⑤在地形险要的地段应设置安全防护设施和安全警示线。

⑥无障碍游憩区应方便轮椅通行，有高差时应设置轮椅坡道，广场树池宜高出广场地面，与广场地面相平的树池应加箅子。地面应平整、防滑、不松动，园路上的道路井盖板应与路面平齐，排水沟的滤水箅子孔的宽度不应大于15 mm。

⑦无障碍游览路线上的桥应为平桥或坡度在8%以下的小拱桥，宽度不应小于1.2 m，桥面应防滑，两侧应设栏杆。桥面与园路、广场衔接有高差时应设轮椅坡道。

2. 公园绿地停车场

总停车数在50辆以下时应设置不少于1个无障碍机动车停车位，总停车数在50辆以上100辆以下时应设置不少于2个无障碍机动车停车位，总停车数在100辆以上时应设置不少于总停车数2%的无障碍机动车停车位。

3. 居住绿地的无障碍设计

①居住绿地内的游步道应为无障碍通道，轮椅园路纵坡不应大于 4%；轮椅专用道不应大于 8%。

②居住绿地内的游步道及园林建筑、园林小品，如亭、廊、花架等休憩设施，不宜设置高于 450 mm 的台明或台阶；必须设置时，应同时设置轮椅坡道并在休憩设施入口处设提示盲道。

③绿地及广场设置休息座椅时，应留有轮椅停留空间。

（二） 城市广场的无障碍设计

城市广场进行无障碍设计的范围包括公共活动广场和交通集散广场。

①城市广场的公共停车场的停车数在 50 辆以下时应设置不少于 1 个无障碍机动车停车位，100 辆以下时应设置不少于 2 个无障碍机动车停车位，100 辆以上时应设置不少于总停车数 2% 的无障碍机动车停车位。

②城市广场设有台阶或坡道时，距每段台阶和坡道的起点与终点 250~500 mm 处应设提示盲道，其长度应与台阶、坡道相对应，宽度应为 250~500 mm。

（三） 无障碍设施的设计要求

城市道路无障碍设计的范围应包括城市各级道路、城镇主要道路、步行街和旅游景点、城市景观带的周边道路。城市道路、桥梁、隧道、立体交叉中人行系统均应进行无障碍设计，人行系统无障碍设计的重点是人行道。

1. 缘石坡道设计

缘石坡道是位于人行道口或人行横道两端，为了避免人行道路缘石带来的通行障碍，方便行人进入人行道的一种坡道。缘石坡道的坡面应平整、防滑；缘石坡道的坡口与车行道之间不宜有高差；当有高差时，高出车行道的地面不应大于 10 mm。

全宽式单面坡缘石坡道的坡度不应大于 1:20；三面坡缘石坡道正面及侧面的坡度不应大于 1:12；其他形式的缘石坡道的坡度均不应大于 1:12。全宽式单面坡缘石坡道的宽度应与人行道宽度相同，三面坡缘石坡道的正面坡道宽度不应小于 1.20 m，其他形式的缘石坡道的坡口宽度均不应小于 1.50 m。

2. 盲道设计

盲道是在人行道上或其他场所铺设的一种固定形态的地面砖，使视觉障碍者产生盲杖触觉及脚感导视觉障碍者向前行走和辨别方向以到达目的地的通道。盲道铺设应连续，应避开树木（穴）、电线杆、拉线等障碍物。盲道的颜色宜与相邻的人行道铺面的颜色形成对比，并与周围景观相协调，宜采用中黄色。盲道型材表面应防滑，可采用预制混凝土盲道砖、花岗岩盲道砖、陶瓷类盲道板、橡胶塑料类盲道等。

盲道按其使用功能可分为行进盲道和提示盲道。行进盲道表面呈条状，引导视觉障碍者通过盲杖的触觉和脚感，直接向正前方继续行走；提示盲道表面呈圆点形，用在盲道的起点处、拐弯处、终点处和表示服务设施的位置以及提示视觉障碍者前方将有不安全或危险状态等，具有提醒注意作用。行进盲道应与人行道的走向一致，行进盲道宜在距树池边缘 250~500 mm 处设置，行进盲道与路缘石上沿在同一水平面时，距路缘石不应小于 500 mm，行进盲道比路缘石上沿低时，距路缘石不应小于 250 mm。行进盲道在起点、终点、转弯处及其他有需要处应设提示盲道。当盲道的宽度不大于 300 mm 时，提示盲道的宽度应大于行进盲道的宽度。

3. 轮椅坡道

轮椅坡道宜设计成直线形、直角形或折返形。坡面应平整、防滑、无反光，不宜设防滑条，坡面材料可选用细石混凝土面层、环氧防滑涂料面层、水泥防滑面层、地砖面层、花岗岩面层。轮椅坡道的净宽度不应小于 1.0 m，能保证一辆轮椅通行；起点、终点和中间休息平台的水平长度不应小于 1.5 m；无障碍出入口的轮椅坡道净宽度不应小于 1.2 m，能保证一辆轮椅和一个人侧身通行。轮椅坡道的高度超过 300 mm 且坡度大于 1：20 时，应在两侧设置扶手，扶手应连贯。轮椅坡道临空侧应设置高度不小于 50 mm 的安全挡台或设置与地面空隙不大于 100 mm 的斜向栏杆。

五、园路的绿化设计

一般来说，有车行要求和较大人行量的主要园路和次要园路均应遵照城市道路的相关设计要求。在城市重点路段强调沿线绿化景观，体现城市风貌绿化特色的道路也被称为园林景观路。道路绿化设计一方面要发挥道路绿化在改善城市生态环境和丰富城市景观中的作用；另一方面要避免绿化影响交通安全，保证绿化植物的生存环境。

(一) 道路绿地的组成

道路绿地是道路及广场用地范围内的可进行绿化的用地，分为道路绿带、交通岛绿地、广场绿地和停车场绿地。

1. 道路绿带

道路绿带是指道路红线范围内的带状绿地，分为分车绿带、行道树绿带和路侧绿带。

①分车绿带：是车行道之间可以绿化的分隔带，位于上下行机动车道之间的为中间

分车绿带，位于机动车道与非机动车道之间或同方向机动车道之间的为两侧分车绿带。城市主干路上的分车绿带宽度不宜小于 2.5 m，种植乔木的分车绿带宽度不得小于 1.5 m，中间分车绿带应阻挡相向行驶车辆的眩光，在距相邻机动车道路面高度 0.6~1.5 m 的范围内，配置植物的树冠应常年枝叶茂密，其株距不得大于冠幅的 5 倍。两侧分车绿带宽度大于或等于 1.5 m 的，应以种植乔木为主，并宜乔木、灌木、地被植物相结合，其两侧乔木树冠不宜在机动车道上方搭接，这是为了避免形成绿化"隧道"，有利于汽车尾气及时向上扩散，减少汽车尾气污染道路环境。分车绿带宽度小于 1.5 m 的，应以种植灌木为主，并应灌木、地被植物相结合。被人行横道或道路出入口断开的分车绿带的端部应采取通透式配置，即绿地上配植的树木，在距相邻机动车道路面高度 0.9~3.0 m 的范围内，其树冠不遮挡驾驶员视线。

②行道树绿带：是布设在人行道与车行道之间，以种植行道树为主的绿带。一般情况下，行道树绿带宽度不得小于 1.5 m。行道树绿带种植应以行道树为主，并宜乔木、灌木、地被植物相结合，形成连续的绿带。在行人多的路段，行道树绿带不能连续种植时，行道树之间宜采用透气性路面铺装。树池上宜覆盖池箅子。行道树定植株距时，应以其树种壮年期冠幅为准，最小种植株距应为 4 m。行道树树干中心至路缘石外侧最小距离宜为 0.75 m。种植行道树苗木的胸径：快长树不得小于 5 cm，慢长树不宜小于 8 cm。在道路交叉口视距三角形范围内，行道树绿带应采用通透式配置。

③路侧绿带：是在道路侧方，布设在人行道边缘至道路红线之间的绿带。路侧绿带应根据相邻用地性质、防护和景观要求进行设计，并应保持在路段内的连续与完整的景观效果。路侧绿带宽度大于 8 m 时，可设计成开放式绿地。开放式绿地中，绿化用地面积不得小于该段绿带总面积的 70%。濒临江河湖海等水体的路侧绿地，应结合水面与岸线地形设计成滨水绿带。滨水绿带的绿化应在道路和水面之间留出透景线。道路护坡绿化应结合工程措施栽植地被植物或攀缘植物。

2. 交通岛绿地

交通岛绿地是绿化的交通岛用地。交通岛周边的植物配置宜增强导向作用，在行车视距范围内应采用通透式配置。交通岛绿地分为中心岛绿地、导向岛绿地和立体交叉绿岛。

①中心岛绿地：位于交叉路口上可绿化的中心岛用地，应保持各路口之间的行车视线通透，布置成装饰绿地。

②导向岛绿地：位于交叉路口上可绿化的导向岛用地，应配置地被植物。

③立体交叉绿岛：互通式立体交叉干道与匝道围合的绿化用地。应种植草坪等地被植物，草坪上可点缀树丛、孤植树和花灌木，以形成疏朗开阔的绿化效果；桥下宜种植耐阴地被植物；墙面宜进行垂直绿化。

3. 广场、停车场绿地

广场、停车场绿地是指广场、停车场用地范围内的绿化用地。

①广场绿化应根据各类广场的功能、规模和周边环境进行设计，广场绿化应利于人流、车流集散。公共活动广场周边宜种植高大乔木，集中成片绿地不应小于广场总面积的25%，并宜设计成开放式绿地，植物配置宜疏朗通透。车站、码头、机场的集散广场绿化应选择具有地方特色的树种，集中成片绿地不应小于广场总面积的10%。纪念性广场应用绿化衬托主体纪念物，创造与纪念主题相应的环境气氛。

②停车场周边应种植高大庇荫乔木，并宜种植隔离防护绿带，在停车场内宜结合停车间隔带种植高大庇荫乔木。停车场种植的庇荫乔木可选择行道树种，其树木枝下高度应符合停车位净高度的规定：小型汽车为 2.5 m，中型汽车为 3.5 m，载货汽车为4.5 m。

（二）道路绿地率的基本要求

道路绿地率是指道路红线范围内各种绿带宽度之和占总宽度的百分比。在规划道路红线宽度时应同时确定道路绿地率。道路绿地率应符合下列规定：园林景观路绿地率不得小于40%，红线宽度大于50 m 的道路绿地率不得小于30%，红线宽度在40~50 m 的道路绿地率不得小于25%，红线宽度小于40 m 的道路绿地率不得小于20%。道路绿地一般不宜过窄，否则发挥不了应有的防护隔断作用，且行道树与路灯的矛盾突出，与地下管线的埋设又相互干扰。

（三）道路绿化与有关设施

1. 道路绿化与地下管线

新建道路或经改建后达到规划红线宽度的道路，其绿化树木与地下管线外缘的最小水平距离宜符合规定，行道树绿带下方不得敷设管线。

2. 道路绿化与架空线

分车绿带和行道树绿带为改善道路环境质量和美化街景起着重要作用，但因绿带宽度有限，乔木的种植位置基本固定。因此，在分车绿带和行道树绿带上方不宜设置架空线，以免影响绿化效果。若必须在此绿带上方设置架空线，只有提高架设高度，应保证架空线下有不小于 9 m 的树木生长空间。架空线下配置的乔木应选择开放型树冠或耐修剪的树种。树冠与架空电力线路导线的最小垂直距离应符合规定。

第二节 园路结构

园路的结构形式有多种，典型的园路结构包括面层、结合层、基层、路基等。此外，根据需要进行路缘石、雨水井、明沟、台阶、种植地等附属工程的设计，各部分都必须满足一定的结构和功能需要。

一、园路结构设计原则

园路结构是园路工程的一个重要组成部分，良好的园路结构对于交通及创造良好的景观都有重大作用。

（一）园路结构设计中的影响因素

①大气中的水分和地面湿度。
②气温变化对地面的影响。
③冰冻和融化对路面的危害。

（二）园路结构应具有的特性

①强度与刚度，其中刚度指的是路面的抗弯能力。
②稳定性，是指随着时间的变化，路面抵抗气温变化、水侵蚀的能力。
③耐久性，是指路面的抗疲劳和老化的能力。
④表面平整度。
⑤表面抗滑性能。
⑥少尘性。

在园路施工中，往往存在重面不重基的现象，结果导致新修建的园路中看不中用，一条铺装很美的路面，没有使用多长时间就变得坎坷不平、破烂不堪，失去了使用价值，没有了造景效果，反而对园林整体景观有破坏作用。造成这种现象的主要原因有两点：一是园林地形大多经过整理，其基土本身就不够坚实，修路时又没有充分夯实；二是园路的基层强度不够。所以，在既要节省投资，又要保证园路的美观、结实、耐用的情况下，应尽量保证面层要薄、基础要强、土基要稳定。

二、园路的结构组成

园路由路面和路基两部分组成，路面包括面层、结合层、基层与垫层。

— 35 —

（一）园路的面层

面层是路面最上的一层。它直接承受人流、车辆荷载和不良气候的影响，因此要求其坚固、平整、抗滑、耐磨，具有一定的粗糙度，少尘土，便于清扫，同时尽量美观大方，和园林绿地景观融为一体。面层材料的选择所应遵循的原则：一是要满足结构强度、高温稳定性和低温抗裂性要求；二是要满足园路的装饰性要求，体现地面景观效果，且应与周围的地形、山石、植物相配合；三是要求色彩和光线柔和，防止反光。

（二）园路的结合层

1. 结合层的作用

结合层是指在采用块料铺筑面层时，面层和基层之间的一层。结合层的主要作用是结合面层和基层，同时起到找平的作用。

2. 结合层的材料选择

①混合砂浆：由水泥、白灰、砂组成，强度高，黏性、整体性好，适合铺块料面层，但造价高。

②水泥砂浆：由水泥、砂子和水混合而成，在工程中用作块状砌体材料的黏合剂，比如砌毛石、红砖，还可用于抹灰。适合铺块料面层，在使用时经常掺入一些添加剂，如微沫剂、防水粉等，以改善它的和易性与黏稠度。

③白灰干砂：施工操作简单，遇水自动凝结。白灰体积膨胀后，密实性好，是一种比较好的结合层。

④净干砂：施工简单，造价低廉，但最大的缺点是砂子遇水会流失，造成结合层不平整，下雨时面层以下积水，行人行走时往往挤出泥浆，行走不便，现在应用较少。

（三）园路的基层

1. 基层的设计原则

基层在路基之上，主要起承重作用，它一方面承受由面层传下来的荷载；另一方面把荷载传给路基，因此应满足强度、扩散荷载的能力以及水稳定性和抗冻性的要求。由于基层不外露、不直接造景、不直接承受车辆荷载、不受人为及气候条件等因素的影响，因此基层设计应遵循以下原则。

①就地取材的原则。基层是路面结构层中最大的一部分，同时对材料的要求很低，可就地取材来满足设计施工要求。

②满足路面荷载的原则。基层起着支撑面层荷载并将其传向路基的作用，所以在材料的选择与厚度等方面一定要满足荷载要求。

③依据气候特点及土壤类型而变的原则。由于不同土壤的坚实度不同，以及不同地区气候具有不同特点，特别是降雨及冰冻情况不同，这些都决定了对基层的设计选择要求。

④经济实用的原则。在满足各项技术设计要求的前提下节省资金。

2. 基层的材料选择

基层可采用刚性、半刚性或柔性材料，包括混凝土基层、无机结合稳定料基层、级配砂砾基层等，在季节性冰冻地区，地下水位较高时，为了防止园路翻浆现象的发生，基层应选用隔温性较好的材料。园林中常见的基层有以下3种。

①混凝土基层。属于刚性基层，可用普通混凝土、碾压混凝土、钢筋混凝土等材料铺筑。刚度大、抗弯沉能力强，稳定性和耐久性好，但造价较高，多用于广场和车行路。

②无机结合稳定料基层。属于半刚性基层，具有稳定性好、抗冻性能强、结构本身自成板体等特点，但其耐磨性差，因此广泛用于修筑路面结构的基层和底基层，包括水泥稳定砂砾、石灰粉煤灰稳定土、石灰稳定土和煤、矿渣石灰土、灰土等。

③级配砂砾基层。属于柔性基层，天然级配砂砾是用天然的低塑性砂料，经摊铺并适当洒水碾压后形成的具有一定密实度和强度的基层结构，适用于园林中各级路面。厚度为10~20 cm，若厚度超过20 cm，应分层铺筑。分层最小厚度应不小于2倍最大粒径，以15~20 cm为宜。

（四）园路的垫层

垫层主要设置在温度和湿度状况不良的路段上，以改善路面结构的使用性能。垫层的主要作用为改善土基的湿度和温度状况，保证面层和基层的强度稳定性和抗冻胀能力，扩散由基层传来的荷载应力，以减小土基所产生的变形，在园林中也可采用加强基层的办法而不设此层。在季节性冰冻地区路面结构厚度小于最小防冻厚度要求时，设置防冻垫层可以使路面结构免除或减轻冻胀和翻浆病害。

垫层应具有一定的强度和良好的水稳定性。常用垫层材料有两类：一类是用松散材料，如砂、砾石、炉渣、矿渣等颗粒材料组成的透水性垫层，厚度可按当地经验确定，一般宜大于150 mm，宽度不宜小于基层；另一类是由整体性材料，如石灰土或炉渣石灰土组成的稳定性垫层。

（五）园路的路基

1. 路基的作用

路基是路面的基础，它为园路提供一个平整的基面，承受由路面传下来的荷载，并保证路面有足够的强度和稳定性，因此必须密实、均匀、稳定。如果土基的稳定性不良，应采取措施，以保证路面的使用寿命。

2. 路基设计施工

路基设计在园路中相对简单，在具体设计时应因地制宜，合理利用当地材料；对特殊地质、水文条件的路基，应结合当地经验按有关规范设计，一般有以下几种类型。

①对于未压实的下层填土，经过雨季被水浸润后，能使其自身沉陷稳定，其容重为 180 g/cm³，可以用于路基。

②一般黏土或砂性土不开挖则用蛙式夯夯实 3 遍，如无特殊要求，就可以直接做路基。

③在严寒、湿冻地区，一般宜采用 1∶9 或 2∶8 的灰土加固路基，其厚度通常为 15 cm。

④在冰冻不严重、基土坚实、排水良好的地区铺筑游步道时，只要把路基稍做平整就可以铺砖修路。

三、路面结构分类及施工

（一）柔性路面

1. 定义

柔性路面主要包括各种粒料基层和各种沥青面层、合成高分子材料面层、碎石面层或块石面层所组成的路面结构。

2. 结构组成及物理特性

柔性路面结构体系比较复杂，首先它是以层状结构支撑在路基上，是一个强度自上而下逐渐减弱的多层体系，各层材料性质多变，具有弹—黏—塑和各向异性，刚度小，抗弯沉能力弱，荷载由强而弱地逐步向下传递到路基，路基受压强度较大，路基本身的强度和稳定性对路面的整体强度有较大影响。

3. 使用效果

优点：施工时间短，通行快，施工、维修方便，起尘性小。

缺点：低温时抗变形能力较低，抗滑性随时间的推移而减小。

4. 施工要点

①荷载作用于路面，应力随深度而递减，因而，路面结构可按强度自上而下递减的方式组合，即强材放上层，弱材放下层，同时，相邻层的强度差也不能过大。

②保证土基的平整度及强度。

③优选适宜的层数和构造层厚。

（二）半刚性路面

1. 定义

所谓半刚性路面，是对传统柔性路面的优化升级设计，是将原来的粒料基层改为水硬性无机结合稳定材料（简称半刚性材料）的路面。

2. 使用效果

在保持了传统柔性路面优点的同时，半刚性基层既克服了柔性路面基层水稳性不好的弱点，还有较高强度与刚度，使得整个路面结构的强度与刚度都大大提高。

3. 设计要点

①采取重型压实标准，厚半刚性材料层和较薄面层。

②限制混合料中最大粒径的尺寸可保证基层平整度，并进一步保证面层施工时的平整度。

③半刚性路面结构中的底基层与传统的柔性路面结构中的底基层相比较，处于完全不同的地位。由于半刚性基层具有较大的强度与刚度，成为承载弯曲应力的主要承重层，而底基层成为基层的直接支撑，应提出比一般路面底基层更高的要求。

4. 半刚性路面结构层

优选水稳定性好的基层、底基层及其厚度。

（三）刚性路面（水泥混凝土类）

1. 定义

刚性路面主要是用水泥混凝土做面层或基层的路面结构。目前，常用的有：素混凝土路面、钢筋混凝土路面、连续配筋混凝土路面、预应力混凝土路面、装配式混凝土路面、钢纤维混凝土路面、碾压混凝土路面等。

2. 结构组成及物理特性

所谓刚性路面，是有一层强度较基础高很多的材料作为面层，刚度大，抗弯沉能力强，路表面形变小，传递到土基上的单位压力也较小。

3. 使用效果

优点：强度高，稳定性好，耐久性好，起尘性小。

缺点：初期投资大，有接缝，开放交通迟，修复困难，噪声比柔性路面大。

4. 施工要点

①刚性路面除要求面层有良好的平整度外，也要求基层有一定的强度和稳定性，还须重视基层、地基的强度均匀性。

②刚性路面板的平面尺寸划分。刚性路面设计布置缝道做平面划分，横向缩缝（假缝）间距常取 4~6 m，横向伸缩缝（胀缝）多取 10~35 mm；路面的纵缝设置，多采用一条车道宽度，即 3~4 m。考虑因缩缝间距一致，易使行车发生单调的有节奏颠簸，驾驶员可能会因精神疲惫而导致交通事故，故也可将缩缝间距改为不等尺寸交错布置。

③接缝构造有以下几种形式。

a. 伸缝。伸缝或称真缝，其缝宽为 10~15 mm，系贯通缝，是适应混凝土路面板伸胀变形的预留缝。

b. 缩缝。缩缝或称假缝，其缝宽为 3~8 mm，深度为板厚的 1/5~1/4，是不贯通到底的假缝，主要起收缩作用。

c. 纵缝。纵缝是多条车道之间的纵向接缝，其构造要求与缩缝相同。

四、园路的附属工程

（一）路缘石

路缘石俗称道牙，是安置在路面两侧的园路附属工程。

1. 路缘石的作用

它使路面与路肩在高程上衔接起来，起到保护路面、便于排水、标志行车道、防止道路横向伸展的作用。同时，作为控制路面排水的阻挡物，还可以对行人和路边设施起到保护作用。路缘石的设计不能只看作是满足特定工程方面的要求，而应全面考虑周围绿地及铺装的特色、材料选择进行设计，应当综合以下几个方面来考虑。

①保护路面边缘和维持各铺砌层。

②标志和保护边界。

③标志不同路面材料之间的拼接。

④形成结构缝以及起集水和控制车流作用。

⑤装饰美化作用。

2. 路缘石的结构形式。

路缘石是分隔道路与绿地的设施，一般分为立缘石和平缘石。

3. 路缘石类型及施工

①预制混凝土缘石。这种缘石结实耐用、整齐美观，一般在主要园路及规则式园林中的次要园路中应用较多，且以立缘石为主。

②砖砌缘石。砖砌缘石有两种形式：一种是直接用砖砌成不同花纹形式的缘石，多用于自然式园林小路，形式多样；另一种是用砖砌成外涂水泥砂浆面层，这种缘石一般在冬季不结冰、无冻结的地方较适用。

③瓦片、大卵石缘石。这类缘石主要用于自然式园林中，能起到很好的造景作用，也能因地制宜，就地取材。

（二）明沟和雨水口

明沟和雨水口是为收集路面雨水而建的构筑物，在园林中常用砖块砌成。明沟一般多用于平道牙的路肩外侧，而雨水口则主要用于立道牙的道牙内侧。

1. 明沟

建筑前场地或者道路表面（无论是斜面还是平面）的排水均需要使用排水边沟。排水边沟的宽度必须与水沟的盖板算子宽度相对应，算子的材质可以采用预制混凝土、钢板、铸铁。排水沟同样可以用于普通道路和车行道旁，为道路设计提供一个富有趣味性的设计点，并能为道路建立独有的风格。排水边沟应当为路面铺设模式的组成部分之一，当水沿路面流动时，它可以作为路的边缘装饰。排水沟可采用盘形剖面或平底剖面，并可采用多种材料，例如现浇混凝土、预制混凝土、花岗岩、普通石材或砖。花岗岩铺路板和卵石的混合使用使路面有质感的变化，卵石粗糙的表面会使水流的速度减缓，这在某些环境中显得十分重要。盘形边沟多为预制混凝土或石材构成，而石材造价相对来说较高。平底边沟应具有压模成形的表面，以承受流经排水边沟的雨水或污水的荷载。

2. 雨水口

雨水口也称收水口，指的是管道排水系统汇集地表水，在雨水管渠或合流管渠上收集雨水的构筑物，由进水算、井身及支管等组成，是雨水系统的基本组成单元。降落到道路、广场、草地，乃至一些建筑屋面的雨水首先通过算子汇入雨水口，再经过连接管道流入河流或湖泊，因此可以说雨水口是雨水进入城市地下的入口、收集地面雨水的重要设施。雨水口的形式主要有平箅式、偏沟式、立箅式、联合式等。

（三）台阶、蹬道

1. 台阶

当路面坡度超过 18% 时，为了便于行走，在不通行车辆的路段上，可设台阶。在设计中应注意以下几点。

①台阶的宽度与路面相同，一般每级台阶的高度宜为 12~17 cm，宽度为 30~42 cm。

②一般台阶不宜连续使用，如地形许可，每 10~18 级台阶后应设一段平坦的地段，使游人有恢复体力的机会。

③为了防止台阶积水、结冰，每级台阶应有 1%~2% 的向下的坡度，以利排水。

④台阶的造型及材料一般应考虑与道路和广场的铺装面层材料相协调，选用花岗岩条石或石板、混凝土、面砖等；也可以结合造景的需要，利用天然山石或预制混凝土做成仿木桩、树桩等各种形式，装饰园景。为了夸张山势，造成高耸的感觉，台阶的高度也可增至 15 cm 以上，以增加趣味。

2. 蹬道

在地形陡峭的地段，可结合地形或利用露岩设置蹬道，当其纵坡大于 58% 时，应做防滑处理，并设扶手护栏等。

第三节　园路铺装

一、园路铺装原则

园路的地面铺装是园路景观中的一个重要界面，而且是与用路者接触最紧密的一个界面。路面铺装不但能强化视觉效果，影响环境特征，表达不同的立意和主题，对游人的心理产生影响，还有引导和组织游览的功能。在园路的铺装设计与施工中应遵循以下原则。

（一）铺装要符合生态环保的要求

园林是人类为了追求更美好的生活环境而创造的，园路的铺装设计也是其中一个重要方面。它涉及很多内容，一方面，是否采用环保的铺装材料，包括材料来源是否破坏环境、材料本身是否有害，如是否过度光亮产生光污染、有无辐射性等；另一方面，是否采取环保的铺装形式，比如施工过程是否会对当地的环境产生破坏，透气渗水性铺装材料的应用等，建议采用块料——砂、石、木、预制品等面层，砂土基层，建成上可透气、下可渗水的园林—生态—环保道路。

（二）铺装要符合园路的功能特点

除建设期间外，园路车流频率不高，重型车也不多，因此铺装设计要符合园路的这些特点，既不能弱化甚至妨碍园路的使用，也不能因盲目追求某种不合时宜的外观效果而妨碍道路的使用。比如，一些抛光的花岗岩之类的铺装材料，用在干燥、清洁、人流相对较少的室内地面，显得华丽、气派，也易于清洁，但如果大量用在室外的园路或广场上，则会有雨天湿滑、跌倒伤人的危险。因此，即使在做好防滑处理的条件下，也只能在局部少量使用，如作为观赏的园路拼花中出现的抛光后的装饰条。

色彩、纹样的变化同样可以起到引导人流和方向的作用。一条位于风景幽胜处的小路，为了不影响游人行进和欣赏风景，铺装应平整、安全，不宜有过多的变化。如在须提示景点或某个可能作为游览中间站的路段，可利用与先前对比较强烈的纹样、色彩、质感的铺装变化，提醒游人并供游人停下来观赏。出于驾驶安全的考虑，行车道路也不能铺得太花哨以致干扰司机的视觉。但在十字路口、转弯处等交通事故多发路段，可以铺筑彩色图案以规范道路类别，保证交通安全。

（三）铺装要与其他造园要素相协调

园路路面设计应充分考虑到与地形、植物、山石及建筑的结合，使园路与之统一协调，适应园林造景要求，如嵌草路面不仅能丰富景色，还可以改变土壤的水分和通气状态等。在进行园路路面设计时，如为自然式园林，园路路面应具有流畅的自然美，无论从形式和花纹上都应尽量避免过于规整；如为规则式平地直路，则应尽量追求有节奏、规律、整齐的景观效果。

（四）铺装要与园景的意境功能相协调

园路路面是园林景观的重要组成部分，路面的铺装既要体现装饰性的效果，以不同的类型形态出现，同时在建材及花纹图案设计方面必须与园景意境相结合，可以是我国园林传统做法的继承和延伸，如风景园林绿地中自然、野趣的铺装，但应注意，园路只是景观的组成部分，必须与园景统一，为园林大景观服务，而不能喧宾夺主。路面铺装不仅仅要配合周围环境，还应该强化和突出整体空间的立意和构思。例如，儿童公园或游戏场的空间环境设计要求活泼、明朗、热烈，故铺地纹样设计不妨主要以"动"为主题，采用鲜明的颜色、富有想象力的图案和浅显易懂的主题（几何图案、动物、童话故事人物等）搭配，既能调动游人的情绪，又能满足孩子的好奇心。在寺庙等处的道路铺装则应以古朴、淡雅、清静为主，天然的石板条或古朴的青砖瓦片等铺成简单大方的格子、传统的冰纹和席纹等，都是不错的选择。

二、园路铺装实例

随着人们对环境建设的日益重视，铺装景观亦逐渐成为人们日益关注的焦点问题。旧时那种色彩千篇一律、线条笔直单调、构图毫无韵律、质感缺少变化的铺装景观，带给人们的只是单调乏味甚至是压抑沉闷的心理和视觉感受，这样不仅难以创造优美的景观环境，而且与现代的环境建设不相融合，因此，铺装景观逐渐引起了普遍的重视。路面铺装是否有令人愉悦的色彩、让人耳目一新的创意和图案，是否和环境协调，是否有舒适的质感，对于行人是否安全等，都是园路铺装设计的重要内容之一，也是最能表现"设计以人为本"这一主题的手段之一。在铺装设计中一般应考虑两个方面：一是铺装的纹样与图案设计，如色彩搭配、繁简对照、尺度划分、个性、属性、民族风格等；二是铺装材料与结构设计，如强度、耐久性、质感、色彩、透水性、环保性等。

（一）传统的园路铺装

园路是园景的一部分，应根据景的需要进行设计，路面或朴素、粗犷，或舒展、自然、古朴、端庄，或明快、活泼、生动。中国园林在园路铺地设计上形成了特有的风格，力求取材于自然、融于自然、变换自然、装点自然。园路一般采用砖、石、瓦等材料，以不同的纹样、质感、尺度、色彩，以不同的风格和时代要求来装饰园林。此外，我国传统的园路铺装强调"寓情于景"，在铺装设计时，有意识地根据不同主题的环境，采用不同的纹样、材料来加强意境。北京故宫的雕砖卵石嵌花甬路，是用精雕的砖、细磨的瓦和经过严格挑选的各色卵石拼成的。路面上铺有以寓言故事、民间剪纸、文房四宝、吉祥用语、花鸟虫鱼等为题材的图案。以下是几种传统铺装形式的介绍。

1. 砖石铺地

砖石铺地指的是石板、砖、卵石铺砌的地面。规整的砖石铺地图案一般有席纹、人字纹、间方纹、斗纹等，不规则的有冰裂纹等。

（1）条砖铺地

我国多用朴素淡雅之青砖进行席纹或同心圆弧形放射式排列，砖吸水、排水性能好，但不耐磨，故目前已开始用彩色仿砖色水泥划成仿砖形铺地，效果不错，而日本、西欧等国尤其喜用红砖或仿缸砖铺地。条砖色彩、质感、规格易统一，便于创造出整齐美观的图案，适用范围广泛。

（2）天然石材铺地

a. 平板冰纹铺地：用赭红或青灰色片岩石板精心砌成。水泥不勾缝者便于草皮长出，勾缝者则显得工整。现在也有用水泥混凝土划分成冰纹仿制，但宜在表面拉毛，效果较好。平板冰纹铺地有一定的承载力和耐久性，可用在自然气息较浓的一般园路上。

b. 机制方头石铺地：多数用花岗石磨切成为 150 mm×150 mm×120 mm（厚）的方头状石块，表面平中带糙，可铺组成各种花纹和水波状铺地，古雅又极富质感，其下垫层铺煤渣土厚 30~50 mm 即可。方头石铺地的承载力较高，可用于游人量大的地段，也可承受轻型的车辆。

2. 雕花砖卵石嵌花铺地

雕花砖卵石嵌花路面，又被称为"石子面"，是选用精雕的砖、细磨的瓦和经过严格挑选的各色卵石拼凑成的路面，图案内容丰富。这种路面用雕花砖和卵石可以镶嵌出各种图案，包括人物故事等，完全可以和现代的浮雕作品相媲美，本身就是极佳的景致，观赏价值很高，如中国民间喜爱的吉祥图案莲纹等；有以寓言为题材的图案；有传统的民间图案；有四季盆景、花鸟鱼虫等，成为我国园林艺术的杰作。为了保持传统风格，增加路面的强度，革新工艺，降低造价，现代园林中的园路设计大量应用了石板、混凝土、花砖与卵石嵌花组合的形式，也有较好的装饰作用。

3. 花街铺地

花街铺地是我国古典园林的特色做法。以砖瓦为骨，以石填心，将规整的砖和不规则的石板、卵石，以及碎砖、碎瓦、碎瓷片、碎缸片等废料相结合，组成图案精美、色彩丰富的各种地纹，如芝花海棠、万字球门、冰纹梅花、长八角、攒六方等。这种铺装形式情趣自然、格调高雅，善用不同色彩和质感的材料创造气氛，或亲近自然，或幽静深邃，或平和安详，能很好地烘托中国古典园林自然山水园的特点。

具体做法：一般是将素土夯实后，在上面铺垫 50~150 mm 厚的煤屑、砂、碎砖、灰土，再铺设面层材料。铺设面层时，先用侧放的小板砖及片瓦组成花纹轮廓，然后嵌入卵石、碎瓦兼做图案式的填充，再注入水泥砂浆起稳定作用，精工细作，图案变化繁多而精美；有些用各种粒径的多色卵石和角料配砌成地纹，再用干拌的水泥加细砂填充缝隙，然后洒水，让其混合固结。现以后一种施工方法较多见，而且卵石比前者更不易脱落。

4. 其他铺地

为了配合园林环境和功能的需要，有时需要设置特殊的铺地。可以放在平坦的草地、砂石地或浅水上，为游人创造出步溪涉水的感觉，也可以是在坡地上设置梯级式铺装。相邻的铺块中心距离应考虑人的跨越能力和不等距变化，具体可按照游人步距来安放（相间 200~300 mm），底部可做槽，铺砌砂石垫层并用砂浆固定，以免被随意挪动。

（1）步石

在自然式草地或建筑附近的小块绿地上，可以用一至数块天然石块或预制成圆形、树桩形、木纹板形等铺块，自由组合于草地之中。一般步石的数量不宜过多，块体不宜太小，这种步石易与自然环境协调，能取得轻松活泼的效果。

（2）汀石

它是设置在水中的步石，使游人可以平水而过，汀石适用于窄而浅的水面，如在小溪、涧、滩等地为了游人的安全，石墩不宜过小，距离不宜过大，一般数量也不宜过多。

（3）磴道

磴道是局部利用天然山石、露岩等凿出的或用水泥混凝土仿树桩、假石等塑成的上山的道路。

在中国传统铺地设计中，还用各种"宝相"纹样铺地。如用荷花象征"出淤泥而不染"的高洁品德；用忍冬草纹象征坚忍的情操；用兰花象征素雅清幽、品格高尚；用菊花的傲雪凌霜象征意志坚定。在现代园林的建设中，继承了古代铺地设计中讲究韵律美的传统，并以简洁、明朗、大方的格调，增添了现代园林的时代感。如用光面混凝土砖与深色水刷石或细密条纹砖相间铺地，用圆形水刷石与卵石拼砌铺地，用白水泥勾缝的各种冰裂纹铺地等。此外，还用各种条纹、沟槽的混凝土砖铺地，在阳光的照射下，能产生很好的光影效果，不仅具有很好的装饰性，还减弱了路面的反光强度，提高了路面的抗滑性能。彩色路面的应用，已逐渐为人们所重视，它能把"情绪"赋予风景。一般认为暖色调表现热烈、兴奋的情绪，冷色调较为幽雅、明快。明朗的色调给人清新愉快之感，灰暗的色调则表现为沉稳、宁静。因此，在铺地设计中有意识地利用色彩变化，可以丰富和加强空间的气氛。北京紫竹院公园入口用黑、灰两色混凝土砖与彩色卵石拼花铺地，与周围的门厅、围墙、修竹等配合，显得朴素、雅致。

（二）现代的园路铺装设计

传统的铺装材料多是天然石材、木材或黏土烧制的陶瓷类制品，无论是材料本身的数量和质量，还是黏结剂和施工工艺，都无法满足现代生活对景观的需要。这就要求铺装材料更加经济、环保，式样和色彩更加丰富多变，能满足不同的使用功能，舒适且质感强。随着园林技术方面的创新与发展，园路的铺装图案在继承了传统样式的同时，又有了新的发展。如可塑性极强的现代建材混凝土等的应用，各种透水、透气性铺地材料和各种彩色路面新材料的使用也越来越受重视，为路面的设计提供了更广阔的空间。

1. 沥青类

沥青有素色（传统的黑色）和彩色（包括脱色）、透水和不透水的两种分类。

彩色沥青是在改性沥青的基础上，用特殊工艺将沥青固有的黑褐色脱掉，然后与石料、颜料及添加剂等混合搅拌而成，或者在混凝土中加入彩色骨料而成。作为混合料的胶结料，彩色沥青的主要作用、性能、施工工艺都与沥青相当，具有抗高低温、耐摩擦、使用寿命长等特性，不易产生剥离、开裂等路面破坏现象，但通过脱色工艺的彩色沥青表面的耐久性会稍差些。其颜色可根据需要调配，而且色彩鲜艳、持久，弹性好，并具有很好的透水性。这种新型的沥青不仅能改变黑色路面的单一色调，还可以改变由于大量铺筑沥青路面产生的"热岛"效应，减少环境污染，并且还提高了雨水返还率，符合环保的要求。

彩色沥青路面一般用于城市道路人行道和车行道、旅游风景区道路路面。与彩色混凝土相比，彩色沥青具有更好的弹性，更适合于用在运动场所及一些儿童和老人活动的地方。

2. 混凝土类

混凝土具有强度高、耐磨、易于造型的特点，且和天然石材相比，造价相对低廉。它既可以现场浇筑，也可以制成各种形状的混凝土平板或砌块，还可以如砖石材料一样铺装。一般的混凝土坡面可以处理成各种效果，传统的方法主要有抹光、拉毛、水刷、用橡皮刷拉道等，简便易行。

混凝土不只有传统的灰色，还有彩色的品种。彩色混凝土是一种近年来迅速推广的地面材料。它是以普通灰色、白色或彩色水泥以及白色水泥掺入彩色颜料，加入普通砂、石骨料或其他彩色骨料及减水剂、外掺料等按一定比例配制而成的，色彩鲜明、匀称。它具有以下特点。

（1）性价比高

彩色混凝土地面技术，在施工中可以明显改变材料的物理及力学特性，抗压强度达到 40 MPa，其耐磨性和耐久性都大大超过普通地砖，耐久度可与真石材媲美，可修复性更强。

（2）施工方便

一般有如下几种施工工艺。

a. 压模工艺。当混凝土面层处于初凝期时，在上面铺撒上强化料、脱模料，然后用特制的成形模压入混凝土表面以形成各种图案。高压冲洗，待完全干燥后，再喷涂保护剂。

b. 纸模工艺。当混凝土面层处于初凝期时，在其上平铺纸模，用抹刀抹平，再铺撒上强化料，然后揭除纸模，高压冲洗，待完全干燥后，再喷涂保护剂。

c. 喷涂工艺。它是一种对旧的普通混凝土的改造工艺。对老的混凝土进行必要的修补和冲洗清洁后，用抹刀抹上基层处理剂，再平铺纸模或塑料模，用高压喷枪在表面随意喷洒喷涂料，然后揭除模具，高压冲洗，待完全干燥后，再喷涂保护剂。

d. 幻彩工艺。它是一种对已有的彩色混凝土的改造工艺。高压冲洗掉原有脱模料后，把细彩剂直接喷涂在混凝土表面，待其完全干燥后，再喷涂保护剂。

经过这样的处理，几可乱真的彩色大理石、花岗岩、砖、瓦地面就完成了。

（3）易于保养

由于彩色印模地面为现场浇筑，一次性整体成形，保持了地基稳定，避免了受压不均匀，防止了因水蚀而塌陷变形毁坏路面，从而大大降低了后期工程维修费用，易于路面保洁。

（4）用途广泛

彩色混凝土主要做装饰用，但也做结构材料，如彩色混凝土马路，既有良好的抗折、抗压强度，也有增强色彩的效果。

3. 透水路面

（1）透水沥青路面

透水沥青路面是由透水沥青混合料修筑、路表水可进入路面横向排出，或渗入至路基内部的沥青路面总称。透水沥青路面适用于新建、扩建、改建的道路工程、市政工程、公园、广场、停车场、小区道路、人行道等。与传统的密级配路面相比较，透水沥青路面在结构设计时需要更多地考虑透水、储水和排水功能对路面结构的影响。透水基层设计时一般需要满足4个方面的要求：第一，具有足够的渗透能力，在规定的时间内能够排出进入路面结构内的水；第二，具有一定的稳定性支撑路面的施工操作；第三，具有足够的储水能力暂时储存未排出的雨水；第四，具有足够的强度满足路面结构的总体性能。

透水沥青路面结构类型有以下3种。

a. 透水沥青路面Ⅰ型：路表水进入表面层后排入邻近排水设施。

b. 透水沥青路面Ⅱ型：路表水由面层进入基层（或垫层）后排入邻近排水设施。

c. 透水沥青路面Ⅲ型：路表水进入路面后渗入路基。

（2）透水混凝土路面

透水混凝土路面又称多孔混凝土，也可称排水混凝土，是由粗骨料及其表面均匀包裹的水泥基胶结料，相互黏结，并经水化硬化后形成的具有连续空隙结构的混凝土，是一种能让雨水向混凝土面层、基层及土基渗透的路面材料，能使雨水暂时贮存在它的内部空隙里逐渐蒸发，也能让土基里的水分通过它的内部空隙向大自然中自然蒸发，从而

左側縦書き：风景园林工程施工技术探究

发挥维护生态平衡功能的一种新型环保的路面材料。它的使用有利于还原地下水、维护生态平衡、缓解城市热岛效应，对于城市雨水管理与水污染防治等工作，具有特殊的重要意义。

透水混凝土在国内还处于发展阶段，目前主要适用于人行道、步行街、居住小区道路非机动车道和一般轻荷载道路、广场和停车场等路面；不适用于严寒地区、湿陷性黄土、盐渍土、膨胀土等路基土。随着研发的进一步深入，它的应用前景会更加宽广，并向市政公用道路建设发展。透水混凝土路面的设计与施工，应考虑地形条件、景观要求、荷载状况、施工条件等因素，选择合适的色彩组合和结构形式。

透水混凝土的组合结构分为全透水结构和半透水结构。全透水结构是基层和面层同时采用透水性材料；半透水结构是面层采用透水性材料，而基层采用不透水性的二灰碎石、水泥稳定碎石或水泥混凝土，其缺点是隔离雨水还原地下。对人行道、园林道路等，既要满足人行要求，又要确保生态平衡，可采用基层全透水层结构设计；对于轻型荷载道路，除按其承载要求选择强度等级，设计一定厚度的透水水泥混凝土面层外，同时应考虑雨水对基层的影响，建议采用半透水结构，增加提高基层承载力和起隔水效果的混凝土结构层及稳定土基层。

（3）透水性草皮路面

透水性草皮路面是另一种环保型铺装，可以降低地面温度和反光，提高雨水返还率，对于提高城市的绿化覆盖率有很好的作用，特别是在一些不易布置绿化的地方，比如停车场、屋顶花园等。

透水性草皮路面有两类：实体块材间隙植草路面和预制有孔材料嵌草路面（包括草皮保护垫的路面和草皮砌块的路面）。

实体块材间隙植草路面的做法是把天然石块和各种形状的预制水泥混凝土块，铺成冰裂纹或其他花纹，铺筑时在块料间留3~6 cm的缝隙，填入培养土，缝间植草皮或用掺草籽的种植土灌缝。这样铺砌的路面自然、随意，富有生气，只要间距得当，步行也十分舒适，且造型十分自由，可根据块料的颜色、形状、大小、质地、铺砌间距和形式的不同加以组合。常见的有冰裂纹嵌草路、花岗岩石板嵌草路等。

草皮砌块路面是在透水性基层上铺砌混凝土预制块或砌砖块，在其孔穴中栽培草皮，使草皮免受人、车踏压的路面铺装。因为平整度差、表面耐压性不一，并不适合步行。一般用于广场绿化、停车场等场所，常见的有六角形、八角形、方形等。

所谓的草皮保护垫，是由一种保护草皮生长发育、耐压性及耐候性强的开孔垫网，由聚丙烯塑料、橡胶粒及稳定剂、加强剂制成。不但可保护草皮免受行人践踏、车辆重压，而且其植草面积可达到100%。另外，和混凝土预制块或砌砖块相比，不会发生由于预制块本身的热辐射使植草叶面烧伤的情况。

4. 天然材料

（1）石材加工类

把花岗岩等天然石材加工成设计要求的各种几何形状，如石板、条石、毛石、小料石等，尺寸和规格很多，便于大量加工，所铺成的路面坚固平整，效果整齐美观，在现代城市街道、广场、小区和城市绿地中应用最为广泛。除了天然的色彩和纹理外，还可通过对石材表面进行处理获得不同的质感，丰富铺装的效果，如花岗岩可加工成火烧面、光面、荔枝面、机切面、斩假面、剁斧面、机刨拉丝面等。

（2）卵石类

卵石类主要分为两种：在江河与海中冲刷磨圆的天然卵石和机械加工而成的机制卵石，粒径为15~100 mm不等。色彩多为天然的米、黄、黑、白、灰、褐、青等色，可单独使用，也可与其他面材结合铺地，现在大量应用于城市绿地和居住小区中。还有一类粒径在3~15 mm的洗米石（豆石），在我国南方应用较多。

一般来说，卵石铺地结构分为两种。

a. 卵石铺筑：亦称为硬铺，一般砌于灰浆或砂浆之上即可，装饰性强，但行走不舒适，如施工不当则卵石易脱落。一般适合于游人较少的小径或园路的局部装饰，采用卵石铺成各种图案，如杭州花港观鱼在牡丹亭边山坡的一株古梅树下，以黄卵石为纸，黑卵石为绘，组成一幅苍劲古朴的图案。这种路面耐磨性好，防滑，富有江南园路的传统特点，起到增加景区特色、深化意境的作用。

b. 散石铺地：亦称为活铺，散石铺地的做法主要有两种。其一，选西瓜子大小的白色、青灰色、紫黑色的石料，单一品种或混合后倒入路基基槽之中耙平或耙出波纹，不加任何胶结料，游人步履其上，喳喳作响，意趣横生，而且路面透水性好、造价低廉、美观清爽，但清扫困难。这种做法最常见于日本园林中，现在世界各地的景观设计都有应用。其二，用不同大小的粒状石料分块铺装组合，利用材料不同大小、质感、颜色的对比达到独特的效果。

（3）户外木地板类

a. 防腐木地板：是将普通木材经过防腐处理加工后，具有防腐、防霉、防蛀、防白蚁性能的木材地板。一般将添加了防腐剂的地板称为化学防腐木地板，即采用一种不宜溶解的水性防腐剂，在密闭的真空罐内对木材施压的同时，将防腐剂打入木材纤维。其缺点是不环保，化学防腐木的生产过程和使用过程均会对环境造成一定污染。还有一种有着物理防腐木之称的炭化木地板，又称热处理木地板，是将木材的有效营养成分炭化，通过切断腐朽菌生存的营养链来达到防腐的目的，相对来说更为自然、环保、安全。目前，防腐木地板是户外使用最广泛的木材之一，可以直接用于与水体、土壤接触的环境中，是户外木地板、园林景观地板、户外木平台、露台地板、户外木栈道的首选材料。

b. 塑木地板：由聚烯烷塑料与纤维素（秸秆、木粉、稻糠等）经过特殊处理加工而成的一种新型绿色环保景观材料。塑木地板具有不腐烂、不变形、不褪色，拒虫害、防火性能好、不龟裂、无须维护等优点，而且根据需求可以提供多种颜色供选择。塑木地板还可回收再利用，更符合低碳环保的要求，可广泛用于建造园林景观地板、护栏、花池、凉亭等，具有良好的发展前景。

（4）木屑树皮类

木屑树皮路面是利用废弃的不规则树皮、木屑等铺成的，不但质感、色调、弹性好，还是一种极好的环保型的路面铺装，它的优点：一是吸热率高，木屑树皮路面的热反射程度只有水泥路面的25%，对减轻城市的"热岛"效应有一定作用；二是经济，因为树皮、木屑都是废弃物，不但造价低廉，而且使木材得到了有效利用；三是改善了环境，特别是在一些因气候或光照条件限制，不易绿化的地方，树皮木屑的覆盖既避免了黄土露天，又带来最朴素天然的路面景观，而且树皮木屑会随着时间的推移而逐步降解，成为土壤肥料，改善了土质，所谓"化作春泥更护花"。

有一种简易的木屑树皮路面，不用黏合剂固定，只是将砍伐、剪枝留下的废弃材料简单地铺撒在地面上。具体做法是：将土刨松，铺上树皮、树枝，然后浇一遍水（透过刨土层200 mm），使树皮和土壤有机结合即可；也可以采用"树皮+卵石+树枝"的方式，这样增加了铺装重量，可避免大风天气对路面的破坏和造成的扬尘。但使用这种简易铺装路面时应注意慎重选择地点，既要避免因风吹雨淋破坏路面，又要预防幼儿误食木屑。还有一种利用木屑和树皮铺装的路面铺装的做法，是将其同沥青类材料混合或在面层铺撒黏合剂。这样完成的路面，耐久性和平整度都大大提高，因为富有弹性，步行极为舒适，在散步道、慢跑道、赛马场等处使用较多。

5. 烧制砖类

烧制砖类包括广场砖、陶土砖、黏土砖、非黏土烧结砖等，颜色、规格很多，面层平整、质感变化也较丰富，能够满足各类设计要求，铺装结构与石板和混凝土砖的结构形式类似。

6. 高分子材料类

在风景园林道路面层铺装中实际应用的高分子材料主要有以下几类：聚氨酯类、氯乙烯类、聚酯类、环氧树脂类、丙烯酸类树脂等（包括现浇和砌块）。与沥青类材料相比，高分子材料的着色更加自由，且色彩鲜明，更利于园路的艺术创作。但一般来说，它的耐磨性稍差些，对基层的要求也较高，否则容易发生表面凸起或开裂等现象。

高分子材料面层铺装一般采取喷刷的施工工艺，即在沥青混凝土或混凝土基层上喷涂或涂刷上一层高分子材料面层；也有采用模板式彩色地砖铺装的，即将带砖缝的模板（厚约 2 mm）粘贴在基层上，放入材料，并用抹子抹平后，把模板拆掉；如果是成品的卷材或板材，则可以直接用钉子固定，也可以用砂浆粘贴在基层上。

第四节　园路与铺装施工

一、园路施工

（一）放线

按路面设计的中线，在地面上每 20~50 m 放一中心桩，在弯道的曲线上应在曲头、曲中和曲尾各放一中心桩，并在各中心桩上写明桩号，再以中心桩为准，根据路面宽度定边桩，最后放出路面的平曲线。

（二）准备路槽

按设计路面的宽度，每侧放出 20 cm 挖槽，路槽的深度应等于路面的厚度，槽底应有 2%~3% 的横坡度。路槽做好后，在槽底上洒水，使其潮湿，然后用蛙式跳夯夯 2~3 遍，路槽平整度允许误差不大于 2 cm。

（三）铺筑基层

根据设计要求准备铺筑的材料，在铺筑时应注意，对于灰土基层，一般实厚为 15 cm，虚铺厚度，根据土壤情况不同为 21~24 cm；对于炉灰土，虚铺厚度为压实厚度的 160%，即压实 15 cm，虚铺厚度为 24 cm。

（四）结合层铺筑

一般采用 25 号水泥、白灰、砂拌制的混合砂浆或 1：3 的白灰砂浆。砂浆摊铺宽度应大于铺装面 5~10 cm，已拌好的砂浆应当日用完。也可以用 3~5 cm 厚的粗砂均匀摊铺而成。

（五）面层铺筑

面层铺筑时铺砖应轻轻放平，用橡胶锤敲打稳定，不得损伤砖的边角。如发现结合层不平时应拿起铺砖重新用砂浆找齐，严禁向砖底填塞砂浆或支垫碎砖块等。采用橡胶带做伸缩缝时，应将橡胶带平整直顺紧靠方砖。铺好砖后应沿线检查平整度，发现方砖有移动现象时，应立即修整，最后用干砂掺入 1:10 的水泥，拌和均匀，将砖缝灌注饱满，并在砖面泼水，使砂灰混合料下沉填实。

铺卵石路一般分预制和现浇两种，现场浇筑方法是先垫 75 号水泥砂浆厚 3 cm，再铺水泥素浆 2 cm，待素浆稍凝，即用备好的卵石，一个个插入素浆内，用抹子压实，卵石要扁、圆、长、尖，大小搭配。根据设计要求，用各色石子插出各种花卉、鸟兽图案，然后用清水将石子表面的水泥刷洗干净，第二天可再以水重的 30% 掺入草酸液体，洗刷表面，则石子颜色鲜明。

铺砖的养护期不得少于 3 d，在此期间内应严禁行人、车辆等走动和碰撞。

(六) 路缘石

路缘石基础宜与地床同时填挖碾压，以保证有整体的均匀密实度。结合层用 1:3 的白灰砂浆 2 cm。安装路缘石要平稳牢固，后用 M10 水泥砂浆勾缝，路缘石背后要用灰土夯实，其宽度为 50 cm，厚度为 15 cm，密实度为 90% 以上。边条一般用于较轻的荷载处，且尺寸较小，宽 5 cm，高 15~20 cm，特别适用于步行道、草地或铺砌场地的边界。施工时应减轻它作为垂直阻拦物的效果，增加它对地面的密封深度。边条铺砌的深度相对于地面应尽可能低些。如广场铺地，边条铺砌可与铺地地面相平。

铺装路缘石时，对于修饰材料的选择和细部的处理，应尽一切可能设计得与周围环境特征相适应，通过形式、纹理和色彩使边缘修饰大大地提高室外空间的美感。与地坪之间的相对高度很重要，立路缘石稍稍高于总的地坪高度，如起警告作用的横卧在路面上的混凝土长条等或高出地坪很多的矮柱；平路缘石可以是与地面平嵌的诸如成排的铺路砖，或标志停车区或行人区的小砌块，也可以是下凹形成排水沟的砌块。选择边缘处理材料时，应综合考虑它的初始造价与耐用度及维护费用等。竖立的路缘石可用花岗石、暗色岩、砂岩、再生石、预制混凝土或砖制成。与路面齐平或低于路面的边缘处理可以利用上述材料，也可用卵石、小方形砌块、现浇混凝土、沥青和松散材料（包括砾石、较大石块和松散的卵石）等。

二、园路常见病害及原因

园路的"病害"是指园路被破坏的现象。一般常见的病害有裂缝与凹陷、啃边、翻浆等。造成各种病害的原因分析有以下方面。

(一) 裂缝与凹陷

造成裂缝与凹陷的主要原因是基土过于湿软或基层厚度不够、强度不足，在路面荷载超过土基的承载力。

（二）啃边

路肩和路缘石直接支撑路面，使之横向保持稳定。因此，路肩与其基土必须紧密结实，并有一定的坡度，否则，由于雨水的侵蚀和车辆行驶时对路面边缘的啃食作用，会使路肩损坏，并从边缘起向中心发展，这种破坏现象叫啃边。

（三）翻浆

在季节性冰冻地区，地下水位高，特别是对于粉砂性土基，由于毛细管的作用，水分上升到路面下，冬季气温下降，水分在路面下形成冰粒，体积增大，路面就会出现隆起现象。到春季上层冻土融化，而下层尚未融化，这样土基变成湿软的橡皮状，路面承载力下降。这时如果车辆通过，路面下陷，邻近部分隆起，并将泥土从裂缝中挤出来，使路面遭到破坏，这种现象叫翻浆。

第三章　风景园林给排水工程施工

第一节　风景园林给水工程探索

风景园林用水，贵在一个"活"字。"一潭死水"，为人所恶，亦为园林之大忌。所以造园须先得有充沛的水源和足够的活水。所谓"假水不可为"或"水不可以人力致"，并不是说，在造园活动中，人不能对水进行艺术加工和整理，而是说，人很难创造出滔滔不绝的活水。所以寻找丰沛的水源和足够的活水，是造园家所必须首先注意的。

公园、其他公用绿地和风景区是市民休息游览的场所，同时又是树木、花草集中的地方。由于游人活动的需要、植物养护管理及水景用水的补充等，公园绿地的用水量是很大的。妥善解决好风景园林的用水问题是一项十分重要的工作。

公园绿地中的用水大致可分为以下几方面：生活用水，如餐厅、内部食堂、茶室、小卖部、饮水器等饮用、烹饪、洗涤及卫生设备清洁等的用水；养护管理用水，包括植物灌溉、动物笼舍的冲洗、道路广场的清洒、水景的补充用水以及其他园务管理用水等；造景用水，流经风景园林内部的河流或蓄存在园内，以各种形式（如溪涧、湖泊、池沼、瀑布、跌水、喷泉等）参与园景塑造及开展水上活动的水体；消防用水，在公园中的古建筑或主要建筑周围均应设消防栓，以备发生火灾时取水。在公园绿地及风景区中林木较为集中易发生山火的地方，应设置消防水池。在这4类用水类型中，除生活用水外，其他用水水质可适当降低。养护管理和造景用水的用水量最大，生活用水的需求量相对较小。风景园林给水工程的任务就是经济、合理、安全可靠地满足以上4个方面的用水在水质、水压和水量方面的需求。

一、风景园林给水的特点和给水方式

（一）风景园林用水的特点

①风景园林中的用水点较分散。

②各用水点分布于起伏的地形上，高程变化大。

③可对不同水质分别利用，如可采用优质的泉水用于沏茶，水质次之可用于戏水，再次之可用于灌溉及造景等。

④用水高峰时段可以错开。

（二）风景园林给水的方式

根据水源和给水系统的构成，可以将风景园林给水分为 3 种方式。

1. 从属式

处于城市给水管网辐射范围内的城市公园或绿地可直接从城市给水管网引水用于各种用水类型，风景园林给水系统是城市给水系统的组成部分，称为从属式的给水方式。

2. 独立式

当园林绿地或风景区周围没有城市给水管网，须通过取水、净水和输水等工程措施自行建立完备的供水系统的，则为独立式的给水方式。

3. 复合式

在城市给水管网通过的地区，同时还有地下或地表水资源可以开采，可以引用城市给水用于生活用水，而其他对水质要求较低的用水可自地表、地下取水，用物理和生物等方法净水，从而可以大大节约水务投资和管理费用。

二、风景园林给水的水源与水质

风景园林由于其所在地区的供水情况不同，取水方式也各异。城区的园林，可以从就近的市政给水管网引水，成为从属式的给水系统。郊区的园林绿地，可以采用多样的水源，其中以地表水和地下水两种水源为主。在干旱和用水紧张的地区，除这两种水源外，雨水、再生水等水源可以作为非饮用水的水源；在不影响园林绿地使用功能的前提下，甚至可以使用优质杂排水或污水进行绿地灌溉。不同水源的水质差异较大，需要进行相应的处理以达到卫生标准和使用标准。

（一）水源

风景园林给水工程的首要任务，是要按照水质标准来合理地确定水源和取水方式。在确定水源的时候，不但要对水质的优劣、水量的丰缺情况进行了解，而且还要对取水方式、净水措施和输配水管道布置进行初步计划。水的来源可以分为地表水和地下水两类，这两类水源都可以为风景园林所用。

1. 地表水源

地表水如山溪、大江、大河、湖泊、水库水等，都是直接暴露于地面的水源。这些水源具有取水方便和水量丰沛的特点，但易受工业废水、生活污水及各种人为因素的污染。水中泥沙、悬浮物和胶态杂质含量较多，杂质浓度高于地下水。因水质较差，必须经过严格的净化和消毒，才可作为生活用水。在地表水中，只有位于山地风景区的水源水质比较好。

采用地表水作为水源时，取水地点及取水构筑物的结构形式是比较重要的问题。如果在河流中取水，取水构筑物应设在河道的凹岸，因为凹岸较凸岸水深，不易淤积，只须防止河岸受到冲刷。在河流冰冻地区，取水口应放在底冰之下。河流浅滩处不宜选作取水点。取水构筑物应设在距离支流入口和山沟下游较远的地方，以防洪水时期大量泥沙把取水口淤塞。在入海的河流上取水时，取水口也应距离河口远一些，以免海潮倒灌影响水质。在风景区的山谷地带取水，应考虑到构筑物被山洪冲击和淹没的危险。取水口的位置最好选在比多数用水点高的地方，尽可能考虑利用重力自流给水。

保护水源，是直接保证给水质量的一项重要工作。对于地表水源来说，在取水点周围不小于 100 m 半径的范围内，不得游泳、停靠船只、从事捕捞和一切可能污染水源的活动，并在此范围内要设立明显的标志。取水点附近设立的泵站、沉淀池、清水池的外围不小于 10 m 的范围内，不得修建居住区、饲养场、渗水坑、渗水厕所，不得堆放垃圾、粪便和通过污水管道。在此范围内应保持良好的卫生状况，并充分绿化。河流取水点上游 1000 m 以内和下游 100 m 以内，不得有工业废水、生活污水排入，两岸不得堆放废渣、设置化学品仓库和堆栈。沿岸农田不得使用污水灌溉和施用有持久性药效的农药，并不允许放牧。

采用地表水做水源的，必须对水进行净化处理后才能作为生活饮用水使用。净化地表水的方法包括混凝沉淀、过滤和消毒 3 个步骤。

第一，混凝沉淀（澄清）是在水中加入混凝剂，使水中产生一种絮状物，和杂质凝聚在一起，沉淀到水底。我国民间传统的做法是：用明矾做混凝剂加入水中，经过 1~3 h 的混凝沉淀后，可使浑浊度减去 80% 以上。另外，也可以用硫酸铝作为混凝剂，在每吨水中加入粗制硫酸铝 20~50 g，搅拌后进行混凝沉淀，也能降低浑浊度。

第二，过滤（砂滤）是将经过混凝沉淀并澄清的水送进过滤池，透过从上到下由细砂层、粗砂层、细石子层、粗石子层构成的过滤砂石层，滤去杂质，使水质洁净。滤池分快、慢两种，一般可用快的滤池。

第三，消毒是指天然水在过滤之后，还会含有一些细菌。为了保证生活饮用水的安全，还必须进行杀菌消毒处理。消毒方法很多，但一般常见的是把液氯加入水中杀菌消毒。用漂白粉消毒也很有效，漂白粉与水作用可生成次氯酸，次氯酸很容易分解释放出初态氧；初态氧性质活泼，是强氧化剂，能通过强氧化作用将细菌等有机物杀灭。

经过净化处理的地表水，就能够供园林内各用水点使用。采用地表水作为供水水源时，还应考虑枯水期时的供水稳定性问题。

2. 地下水源

地下水存在于透水的土层和岩层中。各种土层和岩层的透水性是不一样的。卵石层和沙层的透水性好，而黏土层和岩层的透水性就比较差。凡是能透水、存水的地层都可叫含水层或透水层。存在于砂、卵石含水层的地下水叫作孔隙水，在岩层裂缝中的地下水则叫裂隙水。地下水主要是由雨水和河流等地表水渗入地下而形成和不断补给的。地下水越深，它的补给地区范围也就越大。地下水也会流动，但流速很慢，往往一天只流动几米，甚至有时还不到 1 m。但石灰岩溶洞中的地下水流速还是比较快的。地下水又分为潜水和承压水两种。

（1）潜水

是指地面以下第一个隔水层（不透水层）所托起的含水层的水。潜水的水面叫潜水面，是从高处向低处微微倾斜的平面。潜水面常受降雨影响而发生升降变化。降雨、降雪、露水等地面水都能直接渗入地下而成为潜水。

（2）承压水

是指含水层在两个不透水层之间，并且受到较大的压力的地下水；另外，也有一些承压水是由地下断层形成的。由于有压力存在，当打井穿过不透水层并打通水口时，承压地下水就会从水口喷出或涌出。溢出地表的承压水便形成泉水。因此，这种承压地下水又叫自流水。承压水一般埋藏较深，又有不透水层的阻隔；所以，当地的地表水不容易直接渗入补给；其真正的补给区往往在很远的地方。

地下水温通常为7℃~16℃或稍高，夏季作为园林降温用水效果很好。地下水，特别是深层地下水，基本上没有受到污染，并且在经过长距离地层的过滤后，水质已经很清洁，几乎没有细菌，再经过消毒并符合卫生要求之后，就可以直接饮用，无须净化处理。

由于要在地层中流动，或者由于某些地区地质构造方面的原因，地下水一般含有矿化物较多，硬度较大，水中硫酸根、氯化物过多，有时甚至还含有某些有害物质。对硬度大的地下水，要进行软化处理；对含铁、锰过多的地下水，则要进行除铁、除锰处理。由近处雨水渗入而形成的泉水，也有可能硬度不大，但可能受地面有机物的污染，水质稍差，也需要净化处理。

对泉水、井水净化的一个有效方法是：用竹筒装满漂白粉，并在竹筒侧面钻孔，孔径 2~2.5 mm，按每 1 m³ 井水 3 个竹筒孔眼的比例开孔；再用绳子拴住竹筒，绳的另一端系在一个浮物上；再把竹筒和浮物一起放入井内或泉池中；装药竹筒应沉至水面下 1~2 m 处。每投放一次，有效期可达 20 天。用这种方法，水中余氯分布均匀，消毒性能良好，同时也可节省人力及减少漂白粉的用量，是简单可行的。

取用地下水时，要进行水文地质勘查，探明含水层的分布情况。对储水量、补给条件、流向、流速、含水层的渗透系数、影响半径、涌水量以及水质情况等，都要进行勘察、分析和研究，以便合理开采和使用地下水。同时，还应避免对地下水的过量开采而引起大面积地基下沉的问题和因地下水位下降过多而对园林树木生长或农业生产造成严重影响的问题。在地下水取水构筑物旁边，要注意保护水源和进行卫生防护。

水井或管井周围 20~30 m 范围内不得设置渗水厕所、渗水坑、粪坑和垃圾堆；不得从事破坏深层土层的活动。为保护水源，严禁使用不符合饮用水水质标准的水直接回灌入地下。

3. 水源选择的原则

选择水源时，应根据城市建设远期的发展和风景区、园林周边环境的卫生条件，选用水质好、水量充沛、便于防护的水源。水源选择中一般应当注意以下几点。

第一，园林中的生活用水要优先选用城市给水系统提供的水源，其次则主要应选用地下水。城市给水系统提供的水源，是在自来水厂经过严格净化处理的，水质已完全达到生活饮用水水质标准，所以应首先选用。在没有城市给水条件的风景区或郊野公园，则要优先选择地下水做水源，并且按优先性的不同选用不同的地下水。地下水的优先选择次序，依次是泉水、浅层水、深层水。

第二，造景用水、植物栽培用水等，应优先选用河流、湖泊中符合地面水环境质量标准的水源。能够开辟引水沟渠将自然水体的水直接引入园林溪流、水池和人工湖的，则是最好的水源选择方案。植物养护栽培用水和卫生用水等就可以在园林水体中取水用。如果没有引入自然水源的条件，则可选用地下水或自来水。

第三，风景区内，当必须筑坝蓄水作为水源时，应尽可能结合水力发电、防洪、林地灌溉及园艺生产等多方面用水的需要，做到通盘考虑、统筹安排、综合利用。

第四，水资源比较缺乏的地区，园林中的生活用水使用过后，可以收集起来，经过初步的净化处理，再作为苗圃、林地等灌溉所用的二次水源。

第五，各项园林用水水源，都要符合相应的水质标准。

第六，在地方性甲状腺肿病地区及高氟地区，应选用含碘、含氟量适宜的水源。水源水中碘含量应在 10 μg/L 以上，10 μg/L 以下时容易发生甲状腺肿病。水中氟化物含量在 1.0 mg/L 以上时，容易发生氟中毒，因此，水源的含氟量一定要小于 1.0 mg/L。

（二）水质

1. 生活用水

生活用水必须经过严格净化消毒，水质应无色、无臭、无味、不浑浊、无有害物质，特别是不含传染病菌，须符合国家规定。

风景园林绿地对饮用水水质的要求并不满足于一般的符合卫生标准，尤其是沏茶用的水对水质还有更高要求，我国历代都有人给宜沏茶的泉水评级分等。

2. 养护用水

养护用水对水质要求相对较低。灌溉植物、冲洗动物笼舍、清洒道路广场等用水只要无害于动植物，不污染环境且满足设备要求即可，甚至可以使用中水或经过一定处理的生活污水。

3. 造景用水

造景用水对水质的要求因水体的使用功能不同也略有差异。造景水体须符合相应类别的水质标准，依据地表水水域环境功能和保护目标划分为5类。

Ⅰ类地面水：主要适用于源头水和国家自然保护区。

Ⅱ类地面水：适用于集中式生活饮用水水源地一级保护区、珍贵鱼类保护区和鱼虾产卵场等。

Ⅲ类地面水：适用于集中式生活饮用水水源地二级保护区、一般鱼类保护区及游泳区。

Ⅳ类地面水：主要适用于一般工业用水区及人体非直接接触的娱乐用水区。

Ⅴ类地面水：主要适用于农业用水区及一般景观要求的水域。

4. 消防用水

消防用水是备用水源，对水质无特殊要求，允许使用有一定污染的水。备用的消防水池应定期维护，保持一定的水量和水质，以备不时之需。

三、风景园林给水管网的布置与计算

风景园林给水管网的布置要了解园内用水点的位置和用水特点，同时需要掌握风景园林用地周边市政供水管网的情况，它往往影响管网的布置方式。一般小公园的给水可由一点引入，不必在园内建立完整的给水管网系统。但对于大型风景园林，为了节约管材，减少水头损失，有条件的地段最好多点引水，分区供水。当地形较复杂，供水时各用水点所需压力的差异较大，则可以分压供水。如果不同用水点所需要的水质有差异，也可以建立不同的管网分质供水。

（一）给水管网的基本布置形式和布置要点

1. 给水管网基本布置形式

（1）树枝状管网

树枝状管网的分布，这种布置方式较简单、省管材。管线形式就像树干分枝分枝，它适合于用水点较分散的情况，对分期建设的公园有利。但树枝状管网供水的保证率较差，一旦管网出现问题或须维修时影响面较大。

（2）环状管网

环状管网是指把供水管网闭合成环，使管网供水能互相调剂。当管网中的某一管段出现故障也不致影响其他管段的供水，从而提高可靠性。但这种布置形式使用的管材较多，投资较大。需要可靠供水的公园绿地以及风景园林中的主供水干管宜布置成环状。

2. 给水管网的布置要点

首先，管网布置应力求经济与满足最佳水力条件，即干管应靠近用水量最大处及主要用水点；干管应靠近调节设施（如高位水池或水塔）；管道应力求短而直。其次，管网布置应便于检修维护，即干管应尽量埋设于绿地下，减少对道路、广场和水体的穿越；在阀门、仪表、附件等处应留有检查井；给水管网应有不小于 0.003 的坡度坡向泄水阀门井以便于放空检修；在保证不受冻的情况下，干管宜随地形起伏铺设，避开复杂地形和难以施工的地段，以减少铺设土石方工程量和便于检修。最后，管网布置应保证使用安全，避免损坏和受到污染，即给水管网和其他管道应按规定保持一定的安全距离，避免出现被污染的情况；管道埋深及铺设应符合规定，避免受冻、受压和受不均匀沉降的影响；穿越道路、广场、河流、水面以及其他构筑物等障碍物时应设置必要的防护措施。

具体来说，一般应遵循以下要点。

①按照总体规划布局的要求布置管网，并且需要考虑分步建设。

②干管布置方向应按供水主要流向延伸，而供水流向取决于最大的用水点和用水调节设施（如高位水池和水塔）位置，即管网中干管输水与它们距离最近。

③管网布置必须保证供水安全可靠，干管一般按主要道路布置，宜布置成环状，但应尽量避免布置在园路和铺装场地下铺设。

④力求以最短距离铺设管线，以降低管网造价和供水能量费用。

⑤在保证管线安全不受破坏的情况下，干管宜随地形铺设，避开复杂地形和难以施工的地段，减少土方工程量。在地形高差较大时，可考虑分压供水或局部加压，不仅能节约能量，还可以避免地形较低处的管网承受较高压力。

⑥为保证消火栓处有足够的水压和水量，应将消火栓与干管相连接，消火栓的布置，应先考虑在主要建筑。

⑦与其他管线的水平距离。

⑧管线的埋深：冰冻线以下 40 cm，无冰冻区不小于 70 cm。

⑨阀门井 500 m 左右设一处，消防栓 120 m 设一处，与道路相距不大于 2 m。

（二）管网布置的一般规定

1. 管道埋深

风景园林给水干管的覆土深度应根据土壤冰冻深度、车辆荷载、管道材质及管道交叉等因素确定。管顶最小覆土深度不得小于土壤冰冻线以下 0.15 m，行车道下的管线覆土深度不宜小于 0.70 m，埋设在绿地中的给水支管最小埋深不应小于 0.50 m。管道不宜埋得过深，埋得过深工程造价高，过浅则管道容易遭到破坏。

2. 阀门及消防栓

在给水管道上应设置阀门。阀门的安装位置包括：从给水干管的引入管段上，水表前和立管、环形管网的节点处，配水管起端，接有 3 个以上配水点的支管，水池，水箱等处。阀门除安装在支管和干管的连接处外，要求每 500 m 直线距离设一个阀门。为了检修管理方便，室外给水管道上的阀门宜设阀门井或阀门套筒。

给水管道上使用的阀门选择原则是：需要调节流量、水压时，宜采用截止阀；要求水流阻力小的部位宜采用闸板阀；安装空间小的场所宜采用蝶阀、球阀；水流须双向流动的管段上，不得使用截止阀。在引入管上、水泵出水管上以及进出水管合用一条管道的出水管段上应设置止回阀。

在园林建筑设计时应同时设计消防给水系统。设置在给水管网上的消防栓，其间距不应超过 120 m，保护半径不应大于 150 m；设有消防栓的室外给水管网管径不应小于 100 mm。室外消火栓应沿道路设置，为了便于消防车补给水，消火栓距路边不应超过 2 m，距房屋外墙不宜小于 5 m。

3. 管道材料的选择

（1）管道材料选用的基本原则

首先，受压元件所用材料应有足够的强度、塑性和韧性，在最低使用温度下应具备足够的抗脆断能力，所以，现场管道选型的时候，首先要了解所传送介质的特性，一般正常情况下，都是常规的管道。

其次，选用的材料应该有足够的稳定性，包括化学性能、物理性能等。选用材料时，应该适应相应的制造、制作和安装，包括焊接，冷热加工及热处理等方面的要求。

最后，就是管径大小的选择，这个主要还是由流量来决定，所以关键在于选择合适的流速。若流速选择太大的话，管径虽然可以减小，但流体通过管道的阻力增大，消耗的动力也大，操作费用随之增加；反之，流速选得太小的话，操作费用可以相应减少，但管径增大，管路的基建费用也随之增加。所以当流体以大流量在长距离的管路中输送的时候，须根据具体情况在操作费用与基建费用之间通过经济来确定适宜的流速。

（2）管道材料防腐处理

给水管材可分为金属管材和非金属管材两大类，水管材料的选择取决于水管承受的压力、管内水质、铺设场所的条件及铺设方式等。埋地管道的管材应具有耐腐蚀性和承受相应的地面荷载的能力。当 DN≥75 mm 时可采用有内衬的给水铸铁管、球墨铸铁管、给水塑料管和复合管。当 DN<75 mm 时可采用水煤气钢管、给水塑料管、复合管等。由于钢管耐腐蚀性差，容易污染水质，因此使用钢管时必须做好防腐处理。

①管道材料防腐层的要求。

根据城市埋地污水管道的特点，管道的防腐层应能满足下列基本要求：具有良好的耐化学腐蚀性能；良好的绝缘性能和致密性，防止电化学和杂散电流的腐蚀；耐细菌腐蚀；有一定的机械强度，防止搬运和埋地过程中受到机械破坏；施工简便、安全，满足现场施工要求等。此外，在特殊地区还有一些特殊要求，如耐寒性等。

②常用防腐方法。

可用于城市污水埋地管道防腐的方法有以下几种。

第一，石油沥青。这种防腐方法以前在输油管道使用较多，现正在被淘汰。其优点是原料来源广、造价低。缺点是不耐细菌腐蚀，物理性能差，施工环境恶劣。

第二，氯磺化聚乙烯涂料。这种方法防腐效果较好，施工温度范围广，可与阴极保护配合应用。但表面处理要求高，涂层较薄，机械强度低。曾在上海黄浦江引水工程中应用。

第三，环氧煤沥青涂料。这种方法耐化学、电化学腐蚀性好，耐细菌腐蚀，机械强度高，适用范围广。可与阴极保护配合应用。缺点是不能在低温施工，表面处理要求高。目前，在城市污水处理工程上应用较多。

第四，聚乙烯绝缘胶带包覆防腐层。这种方法施工方便、易修补，防腐性能好。但是机械强度低，耐阴极剥离性能差，不宜与阴极保护配套应用，在异型件上密封性差。在石油和天然气输送管道应用较多。

第五，熔结环氧涂层。熔结环氧涂层的优点是防腐性能好，机械强度高，施工效率高，与阴极保护有良好的配合。但涂层施工要在车间内进行，现场修补时要采用其他方法（如液态环氧树脂）。熔结环氧涂层在国外应用较为普遍。

第六，阴极保护。是一种先进的防腐蚀应用技术，防腐效果好，寿命长且可预见，可监控管道的运行和腐蚀状况。须与防腐涂层配套使用。工业水管道和长输管道应用很多，而且效果良好。

③埋地管道的防腐注意事项。

从材料的性能、施工、造价及使用效果等全面衡量，环氧煤沥青涂料是现今城市污水处理工程埋地管道较为理想的防腐方法。从技术性能看，熔结环氧涂层是一种值得推广的防腐方法。在使用中还应注意以下几点。

首先，要采用阴极保护。单独的外防腐层在使用过程中往往存在不可预见的破坏，造成管道的局部腐蚀，采用阴极保护不仅能更有效地提高防腐能力，而且可以在地面上监控管道的腐蚀和运行状况、准确设计和预测管道的寿命，更适宜于城市污水处理工程应用。实施阴极保护时，在铁路和电气设施附近的管段增加牺牲阳极的数量等。

其次，在酸、碱性较强和盐分含量高的土壤、过河管段等采用加强或特加强防腐。穿过公路、铁路的管段应在管道外设置套管保护。

最后，管道下地前管沟内应铺垫细砂，回填时宜首先填充细砂和软土，避免用石块、砖块直埋。

（三）给水管网的水力计算

给水管网水力计算的目的在于确定给水管网中水的流量，确定各管段的管径以及管网所需要的工作压力，以便安全可靠地供水。如果是从城市给水管网中引水，需要校核给水干管所能提供的压力和流量与风景园林绿地所需是否相符，必要时需要设置蓄水池和加压设备。如果自设水源供水，则需要根据计算所需的流量和压力确定给水设备的大小。

1. 用水量及用水量标准

城市需水量的预测是城市总体规划阶段确定城市给水系统设计规模的依据，直接影响城市水源、水厂和管网的规划，也是决定给水工程规划是否科学、合理的关键环节。人均综合用水量指标法直观、简便，因而是城市需水量预测中最常用的方法之一。该方法中指标值的确定至关重要，如果指标值制定得过高，将造成供水设施的建设规模偏大，导致设施的运行不正常和闲置，不符合建设节约型社会的要求；如果指标值过低，则供水设施不能满足社会经济发展的需要，甚至可能在短时间内重复建设，造成浪费。因而，合理制定人均综合用水量指标对城市供水规划具有重大意义。

城市公园绿地给水管网设计供水量应根据各种用水用途分别计算确定，包括综合生活用水量（包括居民生活用水和公共建筑用水）、消防用水量、水景及娱乐设施用水量、浇洒道路和绿地用水量、未预见用水量及管网漏失水量。

但在现实考察中，我们发现城市管理者未认识到园林节水的重要性，园林设计者和施工者大多并非专业人士。常用的节水方法也未得到大范围推广，灌溉方法落后的问题比较严重，用水浪费现象普遍；缺乏专业的园林灌溉规划设计、施工队伍；对灌溉系统自动化控制缺乏认识；灌溉管理环节薄弱；城市园林用水系统不完善，水资源利用率低。近几年，国内的专业灌溉公司正在迅速成长，但与众多的园林公司相比还差得远。据网络调查显示，有超过一半的灌溉项目并非由专业灌溉公司直接负责，即使安装了世界上最先进的灌溉设备，也不能发挥它的效用。

所以进行管网设计时，我们要综合考量各种因素。首先应求出各用水点的用水量，再根据各个用水点的需要量供水，用水量的大小需要根据用水量标准来计算。用水量标准是国家根据各地区城镇的性质、经济水平、生活水平和习惯、气温气候特征、房屋设备等不同情况而制定的。风景园林中各用水点的用水量就是根据或参照用水量标准计算出来的。我国地域辽阔，各地的用水量标准也不尽相同。在风景园林的水量设计上，在大工程的指导下，运用综合和比较的分析方法，我们进行风景园林的水量设计研究与应用。

2. 日变化系数和时变化系数

风景园林中的用水量，在任何时间里都不是固定不变的。在一天中游人数量随着公园的开放关闭而变化；在一年中又随季节的冷暖而变化。另外，不同的生活方式对用水量也有影响。我们把一年中用水最多的一天的用水量称为最高日用水量。最高日用水量与平均日用水量的比值，叫日变化系数。

日变化系数 K_d 等于最高日用水量比平均日用水量。同样，把最高日那天中用水最多的一小时，叫作最高时用水量。最高时用水量与平均时用水量的比值，称为时变化系数。时变化系数 K_h 等于最高时用水量比平均时用水量。

风景园林中的各种活动、饮食、服务设施及各种养护工作、造景设施的运转基本上都集中在白天进行。以餐厅为例，服务时间很集中，通常只供应一段时间，如上午10点至下午2点，而且以假日游人最多。所以用水的日变化系数和时变化系数的数值也应该比城镇 K_d、K_h 值大。在没有统一规定之前，建议 K_d 取 2~3，K_h 取 4~6。当然 K_d 与 K_h 值的大小与公园的位置、大小、使用性质均有关。

将平均时用水量乘以日变化系数和时变化系数，即可求得最高日和最高时用水量。设计管网时必须用这个用水量，这样在用水高峰时，才能保证水的正常供应。

3. 管网设计总用水量

（1）给水系统中用水点最高日用水量 $Q_d(L/d)$

$$Q_{di} = N_i \cdot q_{di} \tag{3-1}$$

式中：N——服务的人数或面积；

i——用水点编号；

q_d——用水量标准，L/（cap·d）。

给水系统最高日用水量为各用水点的总和。应根据不同的用水点分别计算，一般可以叠加计算，但应考虑各用水项目的最大用水时段是否一致。

（2）用水点最高日最高时用水量 $Q_h(L/h)$

$$Q_{hi} = K_{hi} \cdot N_i \cdot q_{di}/T_i \tag{3-2}$$

式中：K_h——时变化系数；

N——服务的人数或面积；

i——用水点编号；

q_d——用水量标准，L/（cap·d）；

T——系统每日的使用时间，h。

在计算用水时间时应根据系统的实际使用时间来计算，住宅、绿地一般取 24 h，而某些建筑如办公室、营业食堂等可取值 8～12 h 或根据具体使用时间确定，否则，会产生较大的误差。因不同的用水项目 K_h 值不同，故应按不同项目采用对应的值来计算。

（3）未预见用水量及管网漏失

未预见用水量，是指设计给水工程统计总用水量时，考虑到难以预测的各项因素而增加的用水量。一般以总用水量的百分数表示。管网漏失是指在供水过程中，由于管道本身的结构所引起必然损耗和一定的沿程和局部损耗所造成的水量损失，以及由于管线老化所带来的其他损失等。一般未预见水量和管网漏失水量之和可按最高日用水量的10%～15%计算。

4. 沿线流量、节点流量和管段计算流量

单位时间内水流通过管道的量，称为管道流量。其单位一般用 L/s 或 m³/h 表示。进行给水管网的水力计算，须先求得各管段的沿线流量和节点流量，并以此进一步求得各管段的计算流量，根据计算流量确定相应的管径。

（1）沿线流量

"沿线流量"概念的引入，实质是对管网管段实际流量分配的一种近似，是为了方便计算而引入的一个计算参数。沿线流量分配是给水管网设计的前提条件，分配的合理与否将直接影响设计结果的正确性。在风景园林给水管网中，干管沿线接出支管（配水管），而支管的沿线又接出许多管道将水送到各用户。由于各接户管之间的间距、用水量都不相同，所以配水的实际情况是很复杂的。沿程可能既有用水量大的用户，也有数量很多、用水量小的零散用水点。

对干管来说，大用水户是集中泄流，称为集中流量 Q_i；而零散用水点的用水则称为沿程流量 q_n。为了便于计算，假定沿程流量均匀分布在全部干管上，可以将繁杂的沿程流量简化为均匀的在途泄流，从而计算每米长管线长度所承担的配水流量，称为长度比流量 q_s。

$$q_s = \frac{Q - \sum Q_i}{\sum l} \tag{3-3}$$

式中：q_s——长度比流量，L/（s·m）；

Q——管网供水总流量，L/s；

$\sum Q_i$——大用水户集中流量总和，L/s；

$\sum l$——配水管网干管的有效长度，m，不包括无用户地区的管线。

根据长度比流量就可以计算该管段的沿线流量 q_l：

$$q_l = q_s \cdot l(\text{L/s}) \tag{3-4}$$

（2）节点流量和管段计算流量

给水管网的节点流量是系统运行与设计的基础数据，它是推算管网其他变量的基本变量。在实际运行中，节点流量的时变性和随机性是众所周知的；而在设计阶段它同样也是一个随机变量。这种随机性表现在：只能根据经验积累的规范数据来决定设计值，所反映的大体上是平均情况，而未来可能发生的差异是无法确知的。节点流量的随机性对于供水管网的优化设计和优化运行存在着实质性的影响，因此，解析研究与节点流量密切关联的网络参数的随机状态是很有意义的。

近年来，国内外学者对基于节点流量等参数随机性的给水管网的优化设计和可靠性分析理论进行了一些研究。基于节点流量、节点压力、管段摩阻的随机性，在假定它们服从正态分布的情况下，提出了不确定性条件下的供水管网的优化设计方法，建立了机会约束模型并进行了求解。在仅考虑节点流量不确定性的条件下，提出了一个随机优化设计的模型，并用遗传算法进行了求解。评价了节点流量不确定性对供水管网设计的影响，认为在设计过程中忽视这些确定性将会导致不成功的设计。

从这些研究成果可以看出，很多学者在供水管网的优化设计、可靠性分析中考虑了流量的随机性的影响，但是尚没有系统地、解析地研究由于节点流量的随机性导致的管网中其他参数的随机性问题。由于供水管网中的节点流量是系统设计和运行中的基础数据，它的随机性必然会导致节点压力和管段流量的随机性。而解析地研究由于节点流量的随机性所导致的节点压力和管段流量的随机性对于优化供水管网的设计和运行具有十分重要的意义。

给水管网中的随机因素除了节点流量外，还有管道摩阻等参数，而节点流量是其中主要的随机因素，它的随机性不仅仅存在于给水管网的运行阶段，而且也存在于设计阶段，直接影响着给水管网的优化设计和优化运行。

比流量的计算方法是把不均匀的配水情况简化为便于计算的均匀配水流量。但由于管段流量沿程变化是朝水流方向逐渐减少的，所以不便于确定管段的管径和进行水头损失计算，因此还须进一步简化，即将管段的均匀沿线流量简化成两个相等的集中流量，这种集中流量在计算管段的始、末端输出，称为节点流量。在计算中将沿线流量折半作为管段两端的节点流量，节点流量 $q_j = \sum_{ql}/2$，即任一节点的流量等于与该节点相连各管段的沿线流量总和的一半。因此管段总流量包含了两部分：一是经简化的节点流量，二是经该管段转输给下一管段的流量，即转输流量 q_t。管段的计算流量 q 可用下式表达：

$$q = q_t + q_j \tag{3-5}$$

式中：q——管段计算流量，L/S；

q_t——管段转输流量，L/s；

q_j——管段节点流量，是沿线流量的一半，L/S。

风景园林的给水管网在采用单水源的树枝状管网系统时，从水源供水到各节点只有一个流向，因此任一管段的流量等于该管段以后所有节点流量的总和，该流量即可作为管段的计算流量，无须计算干管的比流量和流量分配。

风景园林给水管网的布置和水力计算，是以各用水点用水时间相同为前提的，即所设计的供水系统在用水高峰时仍可安全地供水。但实际上各用水点的用水时间并不同步，如餐厅营业时间主要集中在中午前后；植物的浇灌则宜在清晨或傍晚。由于用水时间不尽相同，可以合理安排用水时间，即把几项用水量较大项目的用水时间错开。另外像餐厅、花室等用水量较大的用水点可设水池等容水设备，错过用水高峰时间在平时储水；像喷泉、瀑布之类的水景，其用水可考虑设水泵循环使用，夜间进行补水。这样既符合"大工程观"的思想理念，又可以降低用水高峰时的用水量，对节约管材和投资具有很大意义。

第二节　风景园林灌溉系统研究

灌溉对于风景园林发挥最佳使用功能和审美功能是非常重要的。虽然在自然条件下乡土树种都能够靠降水正常生长，但是经常有一些引进的物种或处于非理想生长状态的物种，需要一定的灌溉量来保证生长。灌溉系统是用于向绿地输水的完整的管、阀、喷水装置、控制装置、监测仪表和相关部件的组合。在水资源持续短缺的今天，应大力发展节水灌溉技术以提高水资源的利用效率。节水灌溉技术包括喷灌、微喷灌、滴灌、小管出流、渗灌等技术措施。

喷灌是利用机械加压把水压送到喷头，经喷头作用将水分散成细小水滴后均匀地降落到地面进行灌溉。喷灌近似于天然降水，对植物全株进行灌溉，可以洗去树叶上的尘土，增加空气湿度，而且节约用水，灌水均匀，有利于实现灌溉自动化，对盐碱土的改良也有一定作用，但基本建设投资高、耗能、工作时受风的影响较大，超过四级风不宜进行。

滴灌和渗灌属于局部灌溉，通过管道系统和灌水器将水分和养分及其他可溶于水的物质以较小的流量均匀、准确地直接输送到植物根部附近的土壤表面或土层中，具有省水节能、灌水均匀、适应性强、操作方便等优点。

一、喷灌系统研究

（一）传统喷灌系统的组成

喷灌系统的组成包括水源、输水管道系统、控制设备、过滤设备、加压设备、喷头等部分。喷灌系统的设计就是要求有一个完善的供水管网，通过这一管网为喷头提供足够的水量和必要工作压力，供所有喷头正常工作。

喷灌系统的水源可以有较多的选择，在可能的情况下应首先选择中水或地表水作为喷灌的水源，尽量减少对地下水和市政自来水等优质水资源的依赖，同时喷灌水源的水质应能满足植物生长的要求，不应改变原有土壤的物理和化学性质。当用中水作为灌溉用水时，应定期检验中水的出水水质。当一个水源不能完全保证喷灌用水的水量要求时，可以考虑使用多个水源同时供水。当选择压力管网作为喷灌系统的水源时，可以直接利用管网压力为喷头供水，在压力不足或无压力水源时，需要采用水泵及动力设备升压。喷灌系统常用的加压设备有离心泵、潜水泵和深井泵。水泵的设计出水量应满足最大轮灌区的用水量，水泵的扬程应满足最不利喷头的工作压力。

输水管道系统可以将水配送到各个喷头，通常由主管和支管两级管道组成。主管是全部或大部分时间都有水和压力的管网段，始于水源并延伸到支管的控制阀为止。主管上安装闸阀以便分区管理，也可以安装取水阀，便于临时连接水管取水。支管是工作管道，按一定间距安装有连接喷头的立管，只有喷头工作时支管内才充水。

在管道系统上还接有其他连接和控制的附属配件，如过滤器、化肥及农药添加器、水表，以及各种手控阀门、电磁阀和控制器等。手控阀门包括球阀、闸阀、蝶阀等。喷灌控制器应用于自动控制喷灌系统，可实现园林灌溉无人值守，提高自动化管理水平，其附属设备包括遥控器和传感器等。常用的传感器有降水传感器、土壤湿度传感器和风速传感器等。往往因为水压条件、游人游览需要、再生水灌溉等原因，绿地灌溉的时间段选择在夜间或清晨进行，时间控制器可以控制喷灌开始进行的时间、时长和间隔时间。遥控器和传感器配合使用，可以感应风力、气温、降雨、土壤湿度变化等，自动进行定时、定量灌溉。其他控制设备包括减压阀、止回阀、倒流防止器、排气阀、水锤消除阀、自动泄水阀、排空装置等。在使用饮用水作为喷灌水源或者水源之一时，必须通过安装止回阀等措施，防止喷灌系统中的水倒流进入自来水管网系统中，以免污染水源，造成卫生安全事故。

喷头是喷灌的专用设备，其作用是将有压力的集中水分散成细小的水滴，均匀洒布到土壤表面。喷头性能参数是喷灌设计的重要数据，可以从工厂提供的产品性能参数中获得，主要包括有效射程、工作压力、仰射角、喷灌强度和单位时间喷水量等。

（二）传统喷灌系统的分类

传统喷灌系统有多种类型。按水流获得的压力方式可分为机压式、自压式和提水蓄能式喷灌系统；按喷灌设备的形式可分为管道式和机组式喷灌系统；按喷洒方式可分为定喷式和行喷式喷灌系统。中国一般将喷灌系统划分为移动式、固定式和半固定式 3 种类型。移动式喷灌系统从田间渠道、井、塘直接吸水，其动力、水泵、管道和喷头全部可以移动，这种系统的机械设备利用率高，应用最为广泛。固定式喷灌系统动力、水泵固定，输（配）水干管（分干管）及工作支管均埋入地下。喷头可常年安装在与支管连接伸出地面的竖管上，也可按轮灌顺序轮换安装使用。这种形式虽然运行管理方便，并便于实现自动控制，但因设备利用率低，投资大，竖管妨碍机耕，世界各国采用的不多。一般只用于灌水次数频繁、经济价值高的蔬菜和经济作物的灌溉。半固定式喷灌系统动力、水泵固定，输（配）水干管（分干管）埋入地下，工作支管和喷头可以移动，由连接在干管（分干管）伸出地面的给水栓向支管供水。移动支管可以采用人工移动，也可以用机械移动。滚移式、端拖式、不配带动力水泵的时针式、平移式、绞盘式等，是世界各国采用较多的几种机械移管方式。由于半固定式喷灌系统设备利用率较高，运行管理比较方便，故为世界各国广泛采用。

1. 固定式喷灌系统

这种系统有固定的泵站，供水的干管、支管均埋于地下，喷头固定于竖管上，也可临时安装。固定式喷灌系统的设备费较高，但操作方便、节约劳力，便于实现自动化和遥控操作。适用于需要经常灌溉和灌溉期较长的草坪、大型花坛、花圃、庭院绿地等。它由水源、水泵、管道系统及喷头组成。除喷头外喷灌系统的各个组成部分在整个灌溉季节甚至常年固定不动。水泵和动力机械固定，干管和支管多埋于地下，喷头装在固定的竖管上并可轮流在各个田块中使用。固定式喷灌系统操作管理方便，易于实行自动化控制，生产效率高，但投资大，竖管对机耕及其他农业操作有一定的影响，设备利用率低，一般适用于经济条件较好的城市园林、花卉和草地的灌溉，或灌水次数频繁、经济效益高的蔬菜和果园等，也可在地面坡度较陡的山丘和利用自然水头喷灌的地区使用。

2. 移动式喷灌系统

移动式喷灌系统要求灌溉区有天然水源（池塘、河流等），其动力（电动机或汽油发动机）、水泵、管道和喷头等是可以移动的，由于管道等设备不必埋入地下，所以投资较小，机动性强，但管理劳动强度大。适用于水网地区的园林绿地、苗圃和花圃的灌溉。系统组成与固定式相同，各个组成部分水泵、动力机、各级管道和喷头等都可拆卸，在多个田块之间轮流喷洒作业，因此系统的设备利用率高、投资小，但由于所有设备（特别是动力机和水泵）都要拆卸、搬运，劳动强度大，生产效率低，设备维修保养工作量大，有时还容易损伤作物，一般适用于经济较为落后的地区。

3. 半固定式喷灌系统

其泵站和干管固定，支管及喷头可移动，优缺点介于二者之间。适用于大型花园或苗圃。系统组成与固定式相同，其中动力机、水泵及输水干管等常年或整个灌溉季节固定不动，支管、竖管和喷头等可以拆卸移动，安装在不同的作业位置上轮流喷灌。这种方式综合了全固定和全移动管道式喷灌系统的优缺点，投资适中，操作和管理也较为方便，是目前国内使用较为普遍的一种管道式喷灌系统。管道式喷灌系统比较适用于水源较为紧缺、取水点少的中国北方地区。

（三）喷灌系统的主要技术要素

喷灌强度、喷灌时间的确定和系统管径的选择是衡量喷灌质量的主要指标。进行喷灌时要求喷灌强度适宜，喷洒均匀，雾化程度好，以保证土壤不板结，植物不损伤。

1. 喷灌强度

喷灌强度是指单位时间内喷洒在单位面积上的水量，或单位时间内喷洒在绿地上的水深。最大允许喷灌强度是指在特定土质和地面坡度条件下，喷灌系统组合平均灌溉强度的最大值。而组合平均灌溉是指在几个工作压力相同的喷头按照一定形式组合，在同一喷洒区域内的平均喷灌强度。当地面有良好的植被覆盖时，最大允许喷灌强度可适当提高，但不宜超过20%。

2. 喷灌时间的确定

首先，必须计算出不超过土壤吸水率的最大喷灌时间；其次，必须计算出喷头达到植物每周需水量的工作时间；最后，计算出每周浇灌次数，必须注意的是，为了达到最大土壤吸水率，每次浇灌的间隔时间必须在1小时以上。其中土壤渗透率和植物每周需水量均可参照相应的数据对照表。

3. 系统管径的选择

选择管径的原则是在满足下一级管道流量及水压的前提下，管道的年费用最小，管道年费包括投资成本和运行费用。

此外，当水源的水压、水量不能满足喷灌要求时，即须用水泵加压。喷灌系统的设计流量应大于计算作用面积中全部喷头同时工作时的流量之和。喷灌系统的水泵扬程为喷头额定工作压力、管路的总水头及最不利喷头距离水源水面的高差之和。

（四）传统喷灌系统的设计

1. 喷头选择

喷灌区域的大小和喷头的安装位置是选择喷头喷洒范围的主要依据。面积狭小区域应采用低射程喷头；面积较大时应使用中、远射程喷头，以降低综合造价。安装在绿地边界的喷头，应选择可调角度或固定角度的喷头，避免漏喷或喷出边界。喷头的水力性能应适合植物和土壤的特点，根据植物种类来选择水滴大小（也即雾化指标），还要根据土壤透水性来选定喷头，使系统的组合喷灌强度小于土壤的渗吸速度。

如果喷灌地区地貌复杂、构筑物多，且不同植物的需水量差异大，采用近射程喷头可以较好地控制喷洒范围，满足不同植物的需水要求；反之，采用中、远射程喷头以降低工程总价。喷头喷射角的大小取决于地面坡度、喷头的安装位置和当地喷灌季节的平均风速。如果喷头位于坡地的低处宜采用高射角喷头（30°~40°），位于坡地高处时宜采用低射角喷头（7°~20°）。喷灌季节的平均风速较大宜采用低射角喷头，平均风速较小可采用标准射角（20°~30°）或高射角喷头。

系统可提供的压力也是喷头选择的依据之一。对于自压型喷灌系统，应根据水压力选择喷头，充分利用供水压力，尽量发挥大射程喷头的优势，降低造价。对于加压型喷灌系统，应对不同喷头射程的方案，进行工程造价和运行费用的综合比较，选择合适的喷洒射程。

在同样射程下，应优先选择出水量小的喷头，这样可以降低喷灌系统的投资成本和运行费用。

2. 喷头布置

喷头的布置应等间距、等密度布置，最大限度地满足喷灌均匀度的要求，并充分考虑风对喷灌水量分布的影响，将影响程度降到最低，在无风或微风情况下不向喷灌区域外大量喷洒。充分考虑植物等对喷洒效果的影响，喷头与树木、草坪灯、音箱、果皮箱等物体的间距应该大于其射程的一半，避免由于遮挡出现漏喷的现象。有封闭边界的喷灌区域应首先在边界的转折点布置喷头，然后在转折点之间的边界上按一定的间距布置，最后在边界之间的区域里布置喷头，要求一个轮灌区里喷头的密度尽量相等。对于无封闭边界的喷灌区域，喷头的布置应首先从喷灌技术要求最高的区域开始布置，然后向外延伸。

喷头的喷洒方式有圆形喷洒和扇形喷洒两种。除了位于地块边缘的喷头做扇形喷洒外，其余均采用圆形喷洒。喷头的组合形式（也叫布置形式）是指各喷头相对位置的安排。喷头的基本布置形式有矩形和三角形两种。在喷头射程相同的情况下，不同的布置形式，其支管和喷头的间距也不同。

风可以改变喷洒水形，改变喷头的喷盖区域，对喷灌有很大影响。喷头布置完成以后应该核算喷灌强度和喷灌均匀度，如果不能满足设计要求必须重新进行喷头选型和布置，直到喷灌强度和均匀度均满足设计要求为止。

3. 管网布置及轮灌区划分

干管用于连接水源接入点和各个支管，一般情况下干管走向应与地块轴线一致，应尽量使干管与支管垂直相交。支管用于连接一组喷头，由阀门控制喷头的启闭。支管连接的喷头数量可以根据管理要求和经济因素等确定。较少的喷头管理灵活，而较多喷头可以减少控制阀门的数量。

喷灌的水源应尽量布置在整个喷灌系统的中心，以减少输水的水头损失。管网布置应力求使管道长度最短，在同一个轮灌区里，任意两个喷头之间的压差应小于喷头工作压力的20%。在坡地上，干管应尽量沿主坡向布置，使支管沿平行于等高线方向伸展，如果干管无法沿坡铺设，则应尽量使其位于坡地的低处，以便冬季泄水。当存在主风向时支管应尽量与主风向垂直。充分考虑地块形状，力争使支管长度一致、规格统一。管线的布置应顺畅，减少转折点，避免锐角相交，避免穿越乔灌木的根区，减少对植物的伤害并方便管线维修。支管应适当向干管倾斜，在干管的低端应设泄水阀，以便于检修或冬季排空管内存水。支管末端埋深应满足喷头安装要求，且不得小于30 cm；干管应满足泄水坡度要求，道路下管道埋深应能承受道路的设计荷载。地面立管上地埋式喷头的安装高度，对于草坪应使其顶部与草坪根部平齐，花卉和灌木中应使其顶部与生长和养护高度平齐。

轮灌区是指喷灌系统中能够同时喷洒的最小单元，往往由一个和几个支管组成，一般情况下应该将喷灌系统分成若干个轮灌区，可以有效地解决水源供水能力不足的问题，并满足不同植物的需水要求。喷灌系统应根据轮灌的要求设有适当的控制设备，由阀门控制启闭。划分轮灌区应使最大轮灌区的需水流量小于或等于水源的设计供水流量，在此条件下轮灌区的数量应适中，应尽量使各轮灌区的需水流量接近，并将需水量相同的植物划分在同一个轮灌区内。

第三节　风景园林排水工程设计

一、城市排水

城市排水工程是满足社会经济可持续发展的一个重要因素，是保障自然环境，提高人民物质生活水平的重要前提。城市排水的基本任务是保护环境免受污染，其主要内容包括收集各类污水并及时输送至适当地点，将污水妥善处理后排放或再利用。

风景园林工程施工技术探究

（一）污水及分类

人类的生活和生产活动都需要大量的水。水在使用过程中受到不同程度的污染，改变了原有的化学成分和物理性质，这称为污水或废水。污水也包括雨水和冰雪融化水。按其来源的不同，污水可以分为生活污水、工业废水和降水 3 类。

生活污水是指人们在日常生活过程中用过的水，包括从厕所、浴室、盥洗室、厨房、食堂、洗衣房等处排放的水，常含有较多的有机物如蛋白质、动植物脂肪、碳水化合物、尿素和氨氮等，还含有肥皂和合成洗涤剂等，以及常在粪便中出现的病原微生物等，这类污水需要经过处理才能排入水体、灌溉农田或再利用。

工业废水是指在工业生产中所排放的废水，来自车间或矿场，可分为生产污水和生产废水两类。由于各种工厂的生产类别、工艺过程、使用的原材料以及用水成分的不同，工业废水的水质变化很大。

降水即大气降水，包括液态降水（如雨、露）和固态降水（如雪、冰雹、霜等）。前者通常主要指降雨，降落的雨水一般比较清洁，但是其形成的径流大，若不及时排泄则会积水为害。在降雨初期雨水冲刷了地表的各种污物，污染程度很高，需要进行控制和处理后再排放。

污水经净化处理后，主要的排放途径包括排放水体、灌溉田地和重复使用。排放水体是污水的自然归宿，由于水体具有一定的稀释和净化能力，使污水得到进一步净化，但同时也可能使水体遭受污染。

（二）城市污水的性质和污染指标

城市污水的性质特征与人们的生活习惯、气候条件、生活污水与生产污水所占的比例以及所采用的排水体制等有关。城市污水的性质包括物理性质、化学性质、生物性质等方面。表示污水物理性质的主要指标是水温、色度、臭味、固体含量及泡沫等。

污水中的污染物质按化学性质可分为无机物和有机物。无机物包括酸碱度、氮、磷、无机盐类及重金属离子等；有机物主要来源于人类排泄物及生活活动产生的废弃物、动植物残片等，主要成分是碳水化合物、蛋白质与尿素及脂肪。有机物按被生物降解的难易程度，可分为两类：可生物降解有机物和难生物降解有机物。有机物的污染指标用氧化过程所消耗的氧来进行定量，主要包括生化需氧量、化学需氧量、总需氧量、总有机碳。

污水中的有机物是微生物的食料，污水中的微生物以细菌与病菌为主。污水中的寄生虫卵，80%以上可在沉淀池中沉淀去除。但病原菌、炭疽杆菌与病毒等不易沉淀，在水中存活的时间很长，具有传染性。污水生物性质的检测指标有大肠菌群数（或称大肠菌群值）、大肠菌群指数、病毒及细菌总数。

（三）城市排水系统的体制及其选择

在城市和工业企业中通常有生活污水、工业废水和雨水。这些污水采用一个管渠系统来排除，或采用两个以上各自独立的管渠系统进行排除。污水的这种不同排除方式所形成的排水系统，称作排水系统的体制（简称排水体制）。排水系统的体制一般分为合流制和分流制两种类型。

合流制排水系统是将生活污水、工业废水和雨水混合在同一个管渠内排除的系统。常采用的是截流式合流制排水系统。这种系统是在临河岸边建造一条截流干管，在合流干管与截流干管相交前或相交处设置溢流井，并在截留干管下游设置污水处理厂。晴天和初降雨时所有污水都排送至污水处理厂，经处理后排入水体；随着雨水径流的增加，混合污水的流量超过截流干管的输水能力后，就有部分混合污水经溢流井溢出，直接排入水体。采用截流式合流制时，在暴雨径流之初，原沉淀在合流管渠的污泥被大量冲起，经溢流井溢入水体，同时，雨天时有部分混合污水经溢流井溢入水体。实践证明，采用截流式合流制的城市，水体仍然遭受污染，甚至达到不能容忍的程度。

分流制排水系统是将生活污水、工业废水和雨水分别在两个以上各自独立的管渠内排除的系统。排除生活污水、城市污水或工业废水的系统称污水排水系统；排除雨水的系统称雨水排水系统。根据排除雨水方式的不同，分流制排水系统又分为完全分流制和不完全分流制两种排水系统。分流制是将城市污水全部送至污水处理厂进行处理。但初雨径流未加处理直接排入水体，对城市水体也会造成污染，有时还很严重。由于雨水径流特别是初降雨水径流对水体的污染相当严重，因此，提出对雨水径流也要严格控制。

二、风景园林排水的特点与方式

风景园林的排水是城市排水系统的一个组成部分，但园林环境中的地形条件、建筑设施布局等与城市环境有很大的差异，在排水类型、排水方式、排水量构成、排水工程构筑物以及废水重复利用等方面应充分考虑园林自身的特点。

相对于城市排水系统，风景园林绿地排水具有以下特点：排水类型以降水为主，仅包含少量生活污水；风景园林中地形起伏多变，可以通过地面组织排水，减少管网的铺设；风景园林中大多有水体，雨水可就近排入水体；风景园林可采用多种方式排水，不同地段可根据具体情况采用适当的排水方式；排水设施应尽量结合造景；排水的同时还要考虑雨水的利用，并通过土壤的渗透吸收以利植物生长，干旱地区尤应注意保水。

结合以上特点，在风景园林绿地中雨水的排放采取地面排水为主，沟渠排水和管道排水为辅，并且应采用分散式、分流制的排水方式；而污水排放以管道排放为主。3 种排放方式之间以地面排水最为经济。现以几种常见排水量相近的排水设施的造价做一做比较。假设管道（混凝土管或钢筋混凝土管）的造价为 100%，则石砌明沟约为 58%，砖砌明沟约为 68%，砖砌加盖明沟约为 279%，而利用地面组织排水的土明沟只有 2%，由此可见利用地面排水的经济性。

三、利用地面组织雨水排除

大部分公园绿地都采用地面排水为主、沟渠和管道排水为辅的综合排水方式。在利用地面排除雨水时，一方面，要排除过多的地表径流；另一方面，需要消除降雨带来的水土流失。地面排水的方式可以归结为 5 个字，即拦、阻、蓄、分、导。

拦是指把地表水拦截于园地或某局部之外。

阻是指在径流流经的路线上设置障碍物挡水，达到消力降速以减少冲刷的作用。

蓄包含两方面意义：一是采取措施使土壤多蓄水；二是利用地表洼处或池塘蓄水。这对干旱地区的园林绿地尤其重要。

分是指用地形及山石、建筑、墙体等将大股的地表径流分成多股细流，以减少灾害。

导是把多余的地表水或造成危害的地表径流利用地面、明沟、道路边沟或地下管及时排放到园内（或园外）的水体或雨水管渠中。

造成地表冲蚀的原因主要是地表径流的流速过大，冲蚀了地表土层。解决这个问题可以从以下 4 个方面着手。

（一）调整竖向设计

第一，注意控制地面坡度，使之不致过陡。用地越陡，土壤越不透水，雨水排出越迅速，侵蚀就越可能发生。修剪草地坡度最大可达 25%；不修剪的植被区坡度最大可达50%，更陡的土坡需要进行护坡处理，可以将地面设置成台阶状或使用挡土墙等措施以减少水土流失。如果排水区面积大于 0.2 公顷，最大坡度不能超过 10%。

第二，同一坡度（即使坡度不太大）的坡面不宜延续过长，应该有起有伏，使地表径流不致一冲到底。地形的变化可以削弱地表径流流速加快的趋势，避免形成大流速的径流。在很小均一的坡度下，地面水在 150 m 之内即会冲刷出小河沟，坡度增大产生冲刷的距离会变短。

第三，在地面水汇流线上，应利用道路、山谷线等拦截和组织排水，通过不断变化的沟、谷、涧、山路等对雨水径流加以组织，减缓径流速度，使其汇集或分散开来，并就近排放到地面的排水明渠或雨水管网中。

(二) 利用地被植物

自然植被通过改善土壤的化学、物理和生物结构，从而提高土壤的肥力。改善物理结构，是指植被可以使土壤孔隙度增加，土壤含水量和透气性提高。改善生物结构，是指植被可以使土壤中的微生物变得丰富，土壤腐殖质含量提高。改善化学结构，是指植被可以把枯枝落叶层的养分返回到土壤中。此外，植被可以使空气中的部分元素转移到土壤中，比如固氮作用。

利用植被护坡，可以减少或防止对表土的冲蚀。这是因为，一方面，植物根系深入地表将表层土壤颗粒稳固住，使之不易被地表径流带走。植被能降低土壤孔隙压力，因根系的作用使土壤剪切力提高，增强了土体的粘附力。这种作用与"加钢筋"的作用有些相似，而且在护坡过程中很多方面都超越了钢筋，能牢牢地将土石围绕，其稳定作用是被全世界认可的。同时自然植被可以防止砂土和土壤养分的流失。另一方面，植被本身阻挡了雨水对地表的直接冲击，吸收部分雨水并减缓径流的流速。研究表明，边坡的植被覆盖率达到30%以上时，能承受小雨的冲刷，覆盖率达80%以上时能承受暴雨的冲刷。待植物生长茂盛时，能抵抗冲刷的径流流速达 6 m/s，为一般护坡工程的 2 倍多，植被的存在，对减少边坡土壤的水分蒸发，增加入渗量有良好的作用。

所以加强绿化，是防止地表水土流失的重要手段之一。乔、灌、草结合的植物种植方式更有利于保护地表土壤。

(三) 采取工程措施

在地表径流的流量和流速较大时，需要采取一定的工程措施来防止雨水冲刷造成危害。在我国园林中有关防止冲刷、固坡及护岸等措施很多，现将常见的几种介绍如下。

1. "谷方"

地表径流在山谷线或山洼处汇集，形成大流速径流，为了防止其对地表的冲刷，在汇水线上布置一些山石，借以减缓水流的冲力，达到降低流速，保护地表的作用。这些山石就叫"谷方"。作为"谷方"的山石须具有一定体量，且应深埋浅露，才能抵挡径流冲击。"谷方"如布置自然得当，可成为优美的山谷景观；雨天，流水穿行于"谷方"之间，辗转跌宕又能形成生动有趣的水景。

2. 挡水石

道路是组织雨水排放的最有力的设施。无论是平地还是坡地都可以通过道路来拦截和聚集一定量的雨水，并通过道路两侧设置的边沟、雨水口等设施来组织雨水进行排放。在利用道路边沟排水时，在坡度变化较大处，由于水的流速大，表土土层往往被严重冲刷甚至损坏路基。为了减少冲刷，在台阶两侧或陡坡处设置山石等阻挡水流，减缓水流的速度，这种置石就叫作挡水石。挡水石以自身的形体美或与植物配合形成很好的点景物。

3. 护土筋

护土筋的作用与"谷方"或挡水石相仿，一般沿道路两侧坡度较大或边沟沟底纵坡较陡的地段铺设，用砖或其他块材成行排列埋置土中，使之露出地面 3~5 cm，每隔一定距离（10~20 m）设置 3~4 道，与道路中线成一定角度，如鱼骨状排列于道路两侧。护土筋设置的疏密主要取决于坡度的陡缓，坡陡多设，反之，则少设。

4. 排水明沟

在道路两侧或一侧设置的各种明沟和浅边沟，可以汇集道路和绿地中的雨水。在汇集的水量较少或坡度小时，可以采用土明沟和草皮衬砌的方式。当明沟坡度较大，汇流水量大时，为防止径流冲刷，可在排水沟沟底使用较粗糙的材料（如卵石、砾石等）衬砌。

5. 出水口

利用地面或明渠排水，在排入水体时，为了保护岸坡结合造景，出水口应做适当处理，常见的如"水簸箕"。"水簸箕"是一种敞口排水槽，槽身的加固可采用三合土、浆砌块石（或砖）或混凝土。排水槽上下口高差大的，可在下口前端设栅栏起消力和拦污作用，或在槽底设置"消力阶"，或在槽底砌消力块等。有时"水簸箕"可以和道路结合，作为爬山的一条蹬道，做法上更追求自然的形式。

在风景园林中，雨水排水口应结合造景，用山石布置成峡谷、溪涧，落差大的地段还可以处理成跌水或小瀑布。这不仅解决排水问题，而且丰富园林地貌景观。

四、管渠排水

我国地域辽阔，气候差异大，年降雨量分布很不均匀。同时降雨多集中在夏季，常为大雨或暴雨，从而在极短时间内形成大量的地面径流，若不能及时排除便会造成危害。公园绿地应尽可能利用地形排除雨水，但在某些局部如广场、主要建筑周围或难于利用地面排水的地方，可以设置雨水管，或设置明渠排水。因风景园林绿地中多有大量水体，可根据分散和直接的原则，将这些管渠分别排入附近水体或城市雨水管，不必做成完整的雨水管网系统。

(一) 雨水管集半疏的布置

1. 雨水管渠系统的组成

雨水管渠系统是由雨水口、雨水管渠、检查井、出水口等构筑物所组成的一整套工程设施。雨水管渠的主要任务为及时地汇集并排除暴雨形成的地面径流，防止公园绿地等受淹，保证绿地和广场上的活动能够正常进行。

雨水口是管渠系统的最末端，将地面流动的雨水引入管网的入口。雨水口应根据地形、建筑物和道路的布置等因素确定，一般设置在绿地、道路、广场、停车场等的低洼处和汇水点上，地下建筑的入口处以及其他低洼和易积水的地段。常用的雨水口形式有平算式雨水口、边沟式雨水口和联合式雨水口。雨水口在园林中数量较多，且常位于建筑、广场、道路两侧等位置，其大小和形式往往对园林景观影响较大，有时需要根据具体情况专门设计。除了市政工程常用的铸铁材料以外，还可以考虑石材、PVC塑料、不锈钢钢材等，形状在保证排水速度的前提下也可变化。

检查井的功能主要是便于管道维护人员检查和清理管道。另外它还是管段的连接点。检查井一般设在管道的交接处和转弯处、管径或坡度的改变处、跌水处、直线管道上每隔一定距离处。为了检查和清理方便，相邻检查井之间的管段应在一直线上。检查井的构造，主要由井基、井底、井身、井盖座和井盖等组成。

跌水井是指设有消能设施的检查井。在地形较陡处，为了保证管道有足够覆土深度，管道有时须跌落若干高度。在这种跌落处设置的检查井便是跌水井。常用的跌水井有竖管式和溢流堰式两种类型。竖管式适用于直径等于或小于 400 mm 的管道；大于 400 mm 的管道应采用溢流堰式跌水井。但在实际工作中如上、下游管底标高落差约 1 m，只须将检查井底部做成斜坡水道衔接两端排水管，不必采用专门的跌水措施。

出水口是排水管渠排入水体的构筑物，其形式和位置视水位、水流方向而定，管渠出水口不要淹没于水中，最好使其露于水面。为了保护河岸或池壁及固定出水口的位置，通常在出水口和河道连接部分做护坡或挡土墙。常用的出水口形式有一字式、八字式、门字式等。

风景园林中的雨水口、检查井和出水口，其外观应该作为园景的一部分来考虑。有的在雨水井的算子或检查井盖上铸（塑）出各种美丽的图案花纹；有的则采用园林艺术手法，以山石、植物等材料加以点缀。这些做法在风景园林中已很普遍，效果很好，但是不管采用什么方法进行点缀或伪装，都应以不妨碍这些排水构筑物的功能为前提。

2. 雨水管渠系统的设计

雨水管道采用明渠或暗管应结合具体条件确定，在建筑密度较高的地段一般应采用暗管，而在建筑密度低、游人数量较少的大面积林地草坪地段可考虑采用明渠以降低造价。在地形平坦地区，埋设深度或出水口深度受限制地区，也可采用明渠或加盖明渠。在雨水干管的起端，应尽可能采用道路边沟排除路面雨水，通常可以减少干管的长度。雨水暗管与明渠的衔接处应采取一定的工程措施，以保证连接处有良好的水力条件。

（1）雨水管网布置

应按管线短、埋深小、自流排出的原则确定。雨水管网宜沿道路和建筑物的周边平行布置。宜路线短、转弯少，并尽量减少管线交叉。雨水管道与道路交叉时，应尽量垂直于路的中心线设置。管道尽量布置在道路外侧的人行道或草地的下面，不允许布置在乔木的下方。

雨水干管应根据建筑物的分布、道路布置及地形等情况布置，在平面和竖向布置应考虑与其他地下构筑物在相交处相互协调，在池塘和坑洼处，可考虑雨水的调蓄。系统的设计应充分利用地形，以最短的距离靠重力流就近排入水体。一般情况下，当地形坡度变化大时，雨水干管宜布置在地形较低处或溪谷线上；当地形平坦时，雨水干管宜布置在排水流域的中间，以便于支管接入，尽可能扩大重力流排除雨水的范围。

雨水管道在检查井内宜采用管顶平接法，井内出水管管径不宜小于进水管。检查井内同高度上接入的管道数量不宜多于 3 条。检查井的形状、构造和尺寸可按国家标准图选用。检查井在行车道上时应采用重型铸铁井盖。井内跌水高度大于 1.0 m 时，应设跌水井。

道路上的雨水口宜每隔 25~40 m 设置 1 个。当道路纵坡大于 0.02 时，雨水口的间距可大于 50 m。雨水口与干管常用 200 mm 的连接管连接，连接管的长度不宜超过 25 m，连接管上串联的雨水口不宜超过 3 个。

雨水管道可采用塑料管、加筋塑料管、混凝土管、钢筋混凝土管等。穿越管沟等特殊地段应采用钢管或铸铁管。非金属承插口管采用水泥砂浆接口或水泥砂浆抹带接口，铸铁管采用石棉水泥接口，钢管一律采用焊接接口。

（2）排水明渠

公园绿地中的排水明渠一般有道路边沟、截水沟和排水沟几种形式。

道路边沟主要设置在道路路基两侧，用来排除道路边坡和路面汇集的地面水，有时也利用道路边沟作为截水沟使用。

截水沟一般设置在坡面的底部，用于拦截上方的地表径流并有组织地排放。截水沟一般平行等高线设置，其长短宽窄和深浅根据雨水量的大小确定，沟底应有不小于 0.5% 的纵坡。园林中的截水沟还需要根据所处的环境要求来设置其具体的形式。大的截水沟其截面尺寸可达 1 m×0.7 m，小可到 5 cm 以内。可以用混凝土、块石、片石等衬砌，也可以用夯实的土沟。小截水沟甚至可以在岩石上开凿，或用条石凿出浅沟。

排水沟在山地，为了保证安全，减轻洪水对景区道路、建筑及其他设施的威胁，应考虑在景区建筑设施周围设置排水沟，以排除来自边沟、截水沟或其他水源的水流。排水沟的设计应根据景区建筑的总体规划、山区自然流域范围、山坡地形及地貌特点、原有天然排洪沟情况、洪水流向和冲刷情况以及当地工程地质、水文地质和当地气象等因素综合考虑，合理布置。

景区建筑的选址应对当地洪水的历史及现状进行充分的调研，避免直接设置在泄洪口上。排水沟的设计应与景区建筑的规划统一考虑，尽量设置在建筑区的一侧，与建筑基础保持不小于 3 m 的距离，并尽可能利用原有的天然沟的基础条件，避免大的水力条件的改变。

排水沟一般采用梯形断面，在用地较窄时可采用矩形断面。排水沟所使用的材料及加固形式应根据沟内最大流速、当地地形及地质条件、当地材料供应等情况而定。一般常采用片石、块石铺砌。排水沟的超高一般采用 0.3~0.5 m，截水沟的超高为 0.2 m。

排水沟转弯时，其半径一般不小于沟内水面宽度的 5~10 倍。排水沟的纵坡不应太大，一般以 1%~3% 为宜。当纵坡大于 3% 时需要加固，大于 7% 时则应改为跌水或急流槽。跌水或急流槽不应设置在排水沟弯道处。对于浆砌片石的排水沟，最大允许纵坡为 30%；混凝土排水沟最大允许纵坡为 25%。

（二）雨水管渠的水力计算

管渠水力计算的目的在于合理、经济地选择管道或沟渠断面尺寸、坡度和埋深，由于这种计算依据水力学规律，所以称作管渠的水力计算并计算有关的几个因子。

在排水管网中，雨水（或污水）是在重力作用下通过管渠自行流走的，所以称为重力流。排水系统的布置和计算不仅要保证排水管渠有足够的过水断面，而且要有合理的水力坡降，使雨水（或污水）能顺利排除。

设计流量 Q 是排水管网计算中最重要的依据之一。其计算公式如下：

$$Q = \psi \cdot q \cdot F \tag{3-6}$$

式中：Q ——管段雨水设计流量，L/s；

　　　ψ ——径流系数；

　　　q ——管段设计降雨强度，L/（s·hm²）；

　　　F ——管段设计汇水面积，hm²。

1. 径流系数 ψ

径流系数 ψ 是指流入管渠中的雨水量和落到地面上的雨水量的比值。由于雨水降落到地面后，部分被土壤或其他地面物吸收，不可能全部流入管渠中，所以这一比值的大小取决于地表或地面物的透水性，此外还与降雨历时、暴雨强度及暴雨雨型有关。由于

影响 ψ 的因素较多，目前在雨水管渠设计中，径流系数通常采用按地面覆盖种类确定的经验数值。覆盖类型较多的汇水区，其平均径流系数可以采用加权平均法求取。

2. 设计降雨强度 q

对某场降雨而言，用于描述降雨特征的指标主要包括降雨量、降雨历时、暴雨强度、重现期等。降雨强度是指单位时间内的降雨量，进行雨水管渠设计时，需要根据单位时间流入设计管段的雨水量作为设计流量，而不是某一场雨的总降雨量。

我国幅员辽阔，各地情况差别很大，根据各地区的自动雨量记录，推求出适合于本地区的降雨强度公式。该公式是根据多年降雨观测资料用统计方法归纳出来的，为设计工作提供了必要的数据。

雨水管网是城市的重要基础设施之一，目前的计算方法是定值计算法，缺乏对排水可靠性的考虑。而事实上，在计算过程中涉及的变量以及采用的计算模型等具有不确定性，在计算时应当考虑这些不确定性因素，将计算变量看作是随机变量，运用基于可靠性理论的概率极限状态计算法来计算。城市雨水管网系统的任务就是及时可靠地汇集并排除降雨形成的地面径流，从而给城市创造一个舒适安全的生存和生产环境。但是，诸多城市都不同程度地发生了内涝灾害，给人们造成了巨大的经济损失。造成内涝的原因除了排水设施和管理制度跟不上经济的发展、城市化进程的步伐外，现有排水管网的可靠性低也是一个主要原因。因此，研究雨水管网的可靠性，采取基于可靠性理论的概率极限状态计算法来计算雨水管网有着重要的实际意义。

通常所说的可靠性是指产品在规定的时间内，在规定的条件下，完成预定功能的能力，度量产品可靠性的数量指标称为可靠度，是产品可靠性的概率量度。城市雨水管道是属于工程结构的范畴，要用结构可靠性理论来研究，对于由多根管道组成的雨水管网系统来说，其可靠性的研究又涉及结构体系可靠性的问题。

工程结构可靠性理论的研究起源于对结构计算、施工和使用过程中存在的不确定性的认识，是随着结构计算方法发展起来的。目前，诸多工程结构（如建筑、桥梁、铁路、公路、港口、水利水电）的计算都采用以可靠性理论为基础以分项系数表达的概率极限状态计算法来计算，然而，作为城市重要基础设施的排水管网计算方法仍然是定值计算法，对于雨水管网来说，现行的计算方法是采用推理公式法计算降雨产生的径流量，明渠恒定均匀流公式计算输水能力，计算过程中涉及的参数都是确定性的。而事实上，这些参数均具有不确定性，例如，暴雨强度与降雨的重现期、历时、排水流域的大小等有关，是不确定的；径流系数与城市的发展有关，也是不确定的；汇流面积有边界的不确定性和计算面积的误差；由于制造误差和使用过程中的沉淀造成的断面减少，所以管径是不确定的；由于管道不直、扭曲及沉降，使得管道坡度是不确定的；由于管材质量和运行中的冲淤影响等，所以糙率也是不确定的。而推理公式法本身是基于城市雨水计算流量与降雨同频率假设的近似计算公式，运用明渠恒定均匀流公式计算城市非恒定非均匀的雨水径流量也是近似的，即存在计算模式的不确定性。所以，在雨水管网计算时，应把这些不确定性因素看作是随机变量，运用基于可靠性理论的概率极限状态计算法来计算。

城市雨水管网系统的任务就是及时可靠地汇集并排除暴雨形成的地面径流，防止城市居住区与工业企业受淹，以保障城市人民的生命安全和生产生活的正常运行。但是，目前诸多城市都不同程度地存在内涝问题，例如北京、南京、上海、成都等地一遇到暴雨就出现地面大面积积水，以至于交通瘫痪、桥涵堵塞，严重影响了居民生活、交通运输和工业生产，由此发生的道路塌陷、房屋倒塌、交通事故等带来了巨大的人员伤亡和经济损失；大量的积水漫溢在街区，严重地污染了环境，损害了人们的身心健康。造成这些灾害的原因除了排水设施和管理制度跟不上经济的发展、城市化进程加快的步伐外，现行雨水管网的定值计算方法（计算中不考虑安全系数和可靠性）也是一方面的原因。已有的一些文献表明，这种确定性计算方法计算的管网的可靠性是很低的，即使是计算重现期内的暴雨，也不能及时排除。因此，研究雨水管网的可靠性，采取基于可靠性的概率极限状态计算法来计算雨水管网有重要的实际意义。

五、雨水利用

雨水是自然界水循环系统中的重要环节，利用雨水资源是一种最经济、最广泛、最简便、最快捷而行之有效的途径。在我国，一直将雨水作为污水的一种形式将其快速排放。流失的雨水浪费了水资源，同时还造成城市排水系统的巨大负担，且雨水携带的污染物造成河湖水质恶化，可以说百害而无一利。而对这些雨水资源的有效拦截和利用可以减轻市政雨水管网的压力、消除雨水对河流的污染，削减下游的洪涝灾害，同时还可以缓解水资源的短缺，是开源节流的有效途径。

（一）建筑雨水的创新利用措施

在较大面积的绿地及广场等处可以设置地下式蓄水池或蓄水渗透池，还可以利用人工水池、人工湖等，当雨季来临，可以将雨水存入蓄水池中，经过简单的处理，如沉淀、过滤、消毒等即可用作浇洒绿地、冲洗路面、冲厕所及洗车等耗水量大而又对水质要求不高的用水项目。在一些工业区，将雨水进一步处理，作为冷却循环用水，节省小区或厂区内雨水管道的投资。在夏季（即雨季）用水高峰期缓解城市的供水压力，在长时间无降雨的情况下，可以由市政给水管网供给，这些方面的工作还有待进一步提高。

雨水利用与污水深度处理回用均可起到减少自来水用水量，降低城市引水、净水的边际费用的作用和环境保护的效果。而雨水利用还能更有效地减少向排水系统的排放量，节省了城市排水设施的运行费用；在城市暴雨时，能起到防洪减灾的积极作用。制定相应的雨水回收利用的政策、法规。根据城市规划和建设中忽视雨水回收设计与应用的实际问题，结合国家规划的编制和实施，牢固树立"雨水是资源，综合利用在先，排放在后"的理念，抓紧制定政策、法规，规定新建小区，无论是工业、服务业，还是居民住宅小区都要设计地下、屋顶、路面雨水回收利用等内容。

所有的水都是雨水。的确，不论是地下储水层的水，还是河里、井里的水，最早都是从天上掉下来的。当雨水落到地面，透过土壤、石层渗灌到地下储水层，带上了矿物质和盐等有益于人们健康的物质，然而也带上了对人体有害的工业化学元素及各种细菌。收集的雨水质量，一般来说，是指高于地下或地面的水。对雨水的收集利用不仅可减轻人类对水资源的压力，保护环境，还可避免人们饮用含有多种有害化学元素的水。最明显的是，雨水一般比地下水要软得多，这可以节省地下水处理中使用的软水材料，也可在洗涤时节省肥皂、洗涤剂等。

造成这些城市地下水位逐渐下降的主要原因是建筑、道路和停车场仿佛一张"密不透风"的网，雨水很难渗入地下，也就无从补给地下水。解决雨水排放问题最典型的工程方法是将雨水引入混凝土排水渠，然而这只能使问题变得愈加复杂。采用这种工程方法的建筑设计和景观设计并不能解决其根本问题，也只能使城市问题愈演愈烈。

我们所要做的是寻找地表雨水收集并使其有效渗入土壤中的各种方法和途径。景观设计师在雨水充沛的地方经常运用"雨水花园"来增强城市排水功能。在停车场等城市公共环境中，这种"雨水花园"能够有效地使收集到的雨水变废为宝。

停车场地面上的雨水没有流入传统的雨水排放系统，而是通过"雨水花园"收集到名为"生态池"的专门排水系统中，收集到的雨水用于浇灌植被、滋润土壤或补充地下水。由于"雨水花园"将雨水收集起来，因此特别是在降雨量大、城市排水系统超负荷运转的情况下，它们有效地减轻了城市排水系统的压力。只有在降雨量非常大的时候，"雨水花园"才需要另辟一条溢流管将多余的雨水排入城市雨水排放系统中。

一项日益盛行的利用雨水打造水体景观的重要创新之举就是采用"绿色街道"。所谓"绿色街道"就是通过入渗池、雨水花园以及街道与人行道之间常有的浅沟来收集雨水。"绿色街道"有效地减轻了市政排水系统的压力。一般来说，"绿色街道"设在现有城市肌理的隐蔽处或缝隙处，如学校周围、停车场、林荫大道、杂货店入口或住宅区的停车位。它们仿佛是现代城市中冰冷坚硬的街道及停车场中的"星星之火"，为城市搭建起一条处理城市雨水的生态体系。在典型的"绿色街道"中，雨水在排水沟中流经整条街道，最后注入一系列种有植被的洼地，雨水在这里经植物净化渗入土壤。降水量大的时候，多余的雨水则排入传统的城市排水系统中。

在设计或规划"绿色街道"和"雨水花园"时提出4点主要注意事项。

1. 水源头管理

越早实现水资源对土壤的渗透，就会越早减轻下游排水系统的负担。"绿色街道"吸收了至少 80% 的降水，这也就意味着下游的管道、水池和水处理设备将减少 80% 的负担。

2. 地表径流管理

尽可能地少安装管道设备。因为管道不仅容易堵塞、结冰，而且投资巨大。陆地上的传输管道的安装和维护相对容易，同时水可以被蒸发、植被吸收或渗入土壤。

3. 发挥自然的潜力

自然界的植被和土壤不仅可以减少水土流失、净化有毒化学物质、避免腐蚀，而且可以降低城市建造成本和现有基础设施的运营成本。

4. 利用雨水打造社区景观

"绿色街道"也像"雨水花园"一样为周边环境营造优雅美景。绿树繁花营造出城市少有的花园景致。此外，波特兰的"绿色街道"也为打造安全的人行交叉路、美化的停车场和宁静的城市街道贡献了一份力量。

一些富有创造力的景观设计师已经发现雨水所蕴含的艺术潜能。关键是表达出雨水在整个设计中的独特动感之美。

希望这些创新的设计能够启发更多的中美景观设计师利用雨水打造水体景观。中国历史悠久，拥有诸多的宝贵经验，像中国传统农业中利用雨水灌溉农田、采用梯田等其他方法控制腐蚀风化。这些传统农耕方法的现代全新演绎在人文景观设计的大学项目中可窥见一斑。

（二）风景园林雨水利用的途径与方法

风景园林雨水利用可以分为直接利用和间接利用两种途径。

雨水直接利用可将雨水收集后经混凝、沉淀、过滤、消毒等处理工艺后，用作生活用水如冲厕、绿地灌溉、水景补水等，或将径流引入中水处理站作为中水水源之一。雨水储存可以调节雨季与非降雨时期的水量平衡，解决降雨和利用在时间上错位的矛盾。雨水存储工程设施可以分为两种：一是将雨水引入专门设置的地上或地下蓄水调节池，结合水质处理设施净化利用；二是利用绿地内的水面、城市河道、水库等蓄水量较多的开阔水面，将雨水蓄存与公园景观建设有机结合。

雨水间接利用是指将雨水经土壤渗透涵养地下水，或者经适当处理后回灌至地下含水层。土壤渗透是最简单、可行的间接雨水利用方式。渗透利用包括绿地的渗透利用和修建渗透设施两种措施。其中绿地渗透可以通过多种设计方法进行强化。如增加植被或其他材料的覆盖，减少硬质铺装面积；协调好道路和绿地高程的关系，形成下凹绿地；设计低洼地短时蓄水等。渗透设施包括透水的道路和地面铺装、渗透水池、渗井、渗管、渗透沟槽等。

（三）雨水利用设计

1. 雨水的水质

由于雨水径流的随机性、非连续性和爆发性等特征，对城市水体可能造成冲击性影响，将严重制约城市水环境质量的改善。路面雨水径流的主要污染源是路面的沉积物、行人和车辆的交通垃圾等，污染物的组成与性质和路面材料、路面老化程度、路面的清洁度、汇水面性质以及水土流失等因素有关。此外，大气中的尘埃和污染物都将在自然沉降或雨水淋洗作用下迁移至水环境中，因此，雨水水质也与大气环境质量密切相关。雨水径流污染物的浓度随着降雨状况及路面污染物累积状况的不同而随机变化。一般而言，径流水质中主要污染物为悬浮物和有机物。此外，径流水质中也可能含有氮、磷等营养物质。这些物质如果随雨水径流进入水体，都有可能对水环境造成重要影响。

2. 常用的渗透设施

（1）绿地土壤

植被具有净化径流和水土保护作用，应充分利用城市中的绿地，尽量将径流引入绿地土壤中。作为组织雨水的道路设施可以在局部地段将立道牙改为平道牙，使雨水能够顺利进入绿地之中。为增加渗透量，在绿地中可作浅沟以在降雨时临时贮水。沟内仍种植植物，平时沟内无水。若有条件可适当置换土壤，用人工土壤（如50%炉渣加50%天然土）代替天然土壤以增加渗透量。

（2）渗透地面

多孔沥青地面在厚6~7 cm的表面沥青层中不使用细小骨料，孔隙率12%~16%。蓄水层由两层碎石组成，上层粒径1~3 cm，厚10 cm，下层粒径2.5~5 cm，厚度视蓄水要求定。蓄水层孔隙率为38%~40%。多孔沥青路面有堵塞问题，堵塞后须用吸尘机或高压水冲洗以恢复其孔隙率。

多孔混凝土地面其构造类同于多孔沥青地面，但表层为厚度12~13 cm，孔隙率15%~25%的无砂混凝土。这种地面的抗堵塞性能远远高于多孔沥青地面。嵌草砖是带有各种形状空隙的混凝土块，开孔率可达20%~30%。孔中植草，因而能有效地净化径流和美化环境。

（3）渗透管、沟、渠

渗透管、沟等由无砂混凝土或穿孔管等透水材料制成，多设于地下，四周填有粒径 10~20 mm 砾石以贮水。无砂混凝土、穿孔管、土工布等的渗透性能强，因此渗透管、沟、渠等设施的渗透能力取决于其周围土壤的渗透系数。渗透管、沟、渠等的渗透表面应高于地下水最高水位或地下不透水岩层 1.2 m 以上，并应距房屋基础 3 m 以上。在地面坡度大于 15% 或土壤渗透系数小于 $2×10^{-5}$ cm/s 的地区不适于使用雨水渗透设施。

雨水渗透利用实际上是用经过计算的渗透管、沟、渠等替代部分雨水管道，使径流进入管系后能渗透也能流动。对于小于或等于设计重现期的降雨，全部径流均能通过渗透设施渗入地下。对于大于设计重现期的降雨，渗透设施仅能渗透一部分径流，多余部分径流须排入市政雨水管网或水体。

3. 可利用雨量的确定

雨水的收集利用要受到许多因素的制约，如气候条件、降雨季节分配、雨水水质情况、地质条件、建筑的布局和结构等。雨水利用主要是根据利用的目的，通过合理的规划，在技术合理和经济可行的条件下对可利用雨水加以收集利用。由于降雨相对集中的特点，应以汛期雨量收集为主，考虑气候、季节等因素引入季节折减系数 α。同时，根据雨水水质分析可知，初期降雨雨水水质较差，污染严重，应考虑弃流与污水合并收集处理，因此须引入初期弃流折减系数 β。考虑以上雨量和水质的影响因素后，可利用雨量计算公式如下：

$$Q = HS\psi\alpha\beta \tag{3-7}$$

式中：Q——年平均可利用雨量，m^3；

H——年平均降雨量，m；

S——汇水面积，m^2；

ψ——中均径流系数；

α——季节折减系数；

β——初期弃流系数。

4. 渗透设施的计算方法

（1）设计径流量

设计径流量计算即在设计重现期条件下进入渗透设施的径流量，亦即渗透设施的设计进水量。对某一渗透设施，首先要确定其服务面积的大小和组成，再根据各组成面积的径流系数计算出服务面积的平均径流系数。此外还应确定设计重现期，对大于此重现期的降雨，渗透设施会发生溢流。对某一设计重现期，结合所在地区的暴雨强度公式，根据公式可以求出与不同降雨历时相应的设计径流量。当然所有的计算都是在一定的假定条件之下的。当我们在计算时考虑的因素往往比较少，而现实又是富于变化、多姿多彩的。所以我们在设计径流量时要尽可能考虑全面，而我们所得出的计算结果只能是现实的一个参考。

（2）设计渗透量

土壤渗透性能是土壤主要物理性质之一，在水利部门设计灌排系统和改良盐碱土等方面是不可缺少的数据。研究中，我们常常根据土体平均颗粒直径值、砂粒含量和土壤渗透率之间的相关关系，快速估算土体渗透系数，并努力探索出土体渗透的内在联系，达到定向控制土体渗透性能的目的。

渗透量是表示单位面积单位时间从地表渗入的水量，是一个地区或者一个流域重要的水文特性之一。因为有效降雨强度实质上可以看作降雨强度和渗透量之差，所以，如果知道流域的正确降雨量、表面流出量、拦蓄量等，就可以求得渗透量。

在研究进程中，我们计算设计渗透量时，应首先拟定渗透设施的大小和断面形式，以便确定渗透设施的渗透面积。根据土壤类型的不同，土壤渗透系数存在很大差异。

但是，正确的水文资料是不可能得到的，因为地区内土壤、植物、被覆等不一样：特别是在设定的小型试验地区以外，用这种方法求渗透量是不可能的。因此可以利用降雨量和流出量的资料，对整个地区或者该流域渗透量进行概算的方法，或在小型试验场地上，使用由人工供给水的渗透计的方法。

使用渗透计的方法，从灌溉、土壤保持等观点出发，在农学和林学领域已被广泛应用。渗透计根据向试验场地供给水的方法可以分为以下 3 类。

第一，散水型渗透计。

散水型渗透计是在试验场地上散水，然后测定表面流出量而求渗透量的方法。在实际降雨中，由于雨滴能使地表面重复出现又板结又扰乱的影响，这是优点，但是一次测定使用的水量较多，机器又是大型的而且价格高，测定时需要操作人员，这是缺点，在现场测定是不方便的。

第二，流水型渗透计。

流水型渗透计是固定在斜面的试验场地上，从上端使水流下，在下端测定流出量而求渗透量的方法。对山地斜面等地表面流出效果，只适合重要地点渗透量的测定，而对农田或城市等平地的测定是不适合的。

第三，冠水型渗透计。

冠水型渗透计，是在打入试验场地中的圆筒内注水，根据其水位的变化和外部给水量而求渗透量的方法。这种方法使用的水量和需要的人数少，机器简便，测定也容易。但是，由于水头作用而产生渗透，所以横向渗透流的发生是不可避免的。还有，在打入圆筒的时候，扰动了筒壁边缘的土层，因此，降水对地表面的影响不能再现也成为问题。这都是给出过大渗透量的原因。

（3）设计存储空间

渗透设施的存储空间为其设计径流量与设计渗透量之差。即对于某一重现期，要提供一定量的空间以将未及时渗透的进水量暂时存储。各地的规划、选点基本应体现因地制宜、合理布局的准则，雨水存储空间设计利用规划的原则要点如下。

①雨水集蓄利用工程应规划选择在缺乏地表水或地下水或开采利用困难，多年平均降水量250~550 mm的旱地农业区（如西北、华北的部分地区），或在季节性缺水严重且降雨充沛的旱山、石山、丘陵地区（如西南的部分地区）兴建。

②雨水集蓄利用工程规划应首先了解规划区现有的水利设施状况、自然经济条件，并结合当地经济的发展规划，力求做到因地制宜、合理布局。

③工程的规模与分布的数量、类型应根据规划区的水资源循环、补给与排泄条件、当地种植作物的需水量、需水关键时期及需要灌溉的面积等资料来确定，着重解决好作物的保苗水、保命水。

④规划工程应集中连片，注重实效，避免重复建设。

⑤蓄水工程的选址要具备集水容易、引蓄方便的条件，按照少占耕地、安全可靠、来水充足、水质符合要求、经济合理的原则进行，同时还要考虑到管理方便和便于发展池院经济的特点，优先选择在房前屋后的适宜位置。

⑥水源。一般采用自然坡面、屋面集雨。有条件的地方最好能选择靠近泉水、引水渠、溪沟、道路边沟等便于引蓄天然径流的场所；如无引蓄天然径流条件的，须开辟新的集雨场，修建引洪沟引水。总之，选择水源总的原则应是：要具有能最大限度拦蓄地面、屋面、路面和场院径流、引蓄泉水及其他骨干水利工程可提供补充水量的条件。集雨面积的大小应根据当地径流的特点及水窖（水池、水柜、水塘等）的容积来确定。对于集流效率较低的下垫面可采取人工措施，减少地面入渗，保证在需水前的雨季时，各水窖（水池、水柜、水塘等）能基本蓄满水。

六、风景园林污水的处理与排放

风景园林中的污水是城市污水的一部分，但和一般城市污水比较，它所产生的污水的性质较简单，污水量也较少。这些污水基本上由两部分组成：一是餐厅、茶室、小卖部等饮食部门的污水；二是由厕所等卫生设备产生的污水，在动物园或带有动物展览区的公园里还有部分动物粪便及清扫禽兽笼舍的脏水。

由于园林环境的特殊性，在有条件的城市公园中污水可以经一级或二级处理后引入城市污水管网中；而在偏远的城郊或山岳型风景区、滨海游览区以及其他对环境污染特别敏感的地区，污水需要进行有效处理并达到无害化后方可排入园内或其他水体中，不能因排放造成环境污染和其他不利影响。

（一）污水处理技术

污水处理技术就是采用各种方法将污水中含有的污染物分离出来，或将其转化为无害和稳定的物质，从而使污水得到净化。污水处理技术按其作用原理，可分为物理法、化学法和生物法 3 类。

物理处理法就是利用物理作用分离污水中主要呈悬浮状态的污染物质，在处理过程中不改变其化学性质。如沉淀、筛滤、气浮、离心分离等技术。

化学处理法就是通过投加化学物质，利用化学反应来分离、回收污水中的污染物，或使其转化为无害的物质。如混凝、中和、化学沉淀、氧化还原、电解、吸附、离子交换、电渗析等，这些方法用于工业废水的处理和污水的深度处理中。

生物处理法就是利用微生物的新陈代谢作用，使污水中呈溶解和胶体状态的有机污染物被降解并转化为无害的物质，使污水得以净化。生物处理法的工艺主要有活性污泥法、生物膜法、自然生物处理法和厌氧生物处理法等。

（二）污水处理程度

污水处理技术按处理程度划分，可分为一级、二级、三级处理和深度处理。

一级处理采用物理处理方法，主要去除污水中的固体污染物质，BOD 去除率只有30%左右，通常用于污水的预处理，不能直接排放。在某些风景区如果水体环境容量大，有足够的自净能力来消纳这些污水，且对游人和景区的环境质量不产生有害影响，可以选择远离游览区域的地段直接排放水体或用来浇灌农田等。

二级处理采用生物处理方法，可去除有机污染物质，BOD 去除率达 90% 以上，从有机物的角度来说可以达到排放标准的要求，对氮、磷的去除尚不能满足相应的要求。二级处理后的水体中含有大量无机物和营养物质，如果排放到水体中会造成水体的营养物质增加，如营养物质积累到一定程度后会导致水体的富营养化，水体变黑发臭，对环境产生危害。

三级处理在一、二级处理的基础上，进一步处理难降解的有机物、氮和磷等无机营养物等，主要方法有生物脱氮除磷法、混凝沉淀、活性炭吸附、离子交换、电渗析等。三级处理用于对排放标准要求非常高的水体或污水水量不大时。

深度处理是指以污水回用为目的，在一级或二级处理的基础上增加的处理工艺。

（三）风景园林中常用的污水处理方法

在城市园林绿地中，污水可经化粪池处理后排入城市污水管；在没有城市污水管的郊区公园或风景区，如污水量不大，可设小型污水处理器或稳定塘对污水进一步处理，达到国家规定的排放标准后再排入水体。污水量大时应设置专门的污水处理厂进行无害化处理。

园林绿地净化这些污水应根据其不同性质分别处理。如果排出的生活污水、废水中含有较多的泥沙，应设沉沙池进行适当处理。园林绿地中餐饮饮食部门的污水中含有较多的油脂，应首先进行除油处理。通过设置带有沉淀室的隔油池进行，生活污水及其他排水不能排入隔油池。废水在池内的流速不大于 5 mm/s，停留时间为 2~10 min。隔油池内存油部分的容积，应根据顾客数量和清掏周期确定，不得小于该池有效容积的 25%。

如果有温泉或其他使用温水的设施，排出的污、废水温度高于 40 ℃，应设降温池进行降温处理。降温池一般应设在室外。对于温度较高的废水，可考虑将其所含热量回收利用。降温可以利用喷泉、跌水等形式，也可利用低温水进行冷却。

1. 化粪池

化粪池就是流经池子的污水与沉淀污泥直接接触，有机固体借厌氧细菌作用分解的一种沉淀池。风景园林绿地中常使用化粪池进行粪便污水的处理。污水在化粪池中经沉淀、发酵、沉渣，液体再发酵澄清后，可以去除大部分的有机废物。含有油脂的废水（包括经过隔油池的废水）不得流入化粪池，以防影响化粪池的腐化效果。化粪池一般用埋地砖砌或钢筋混凝土水池，外形多为矩形，内部分格，进出水口各有 3 个方向可选，容积由小到大分多种规格，化粪池应设在室外，不得设在室内。化粪池外壁距建筑物外墙不宜小于 5 m，并不得影响建筑物基础。池外壁距室外给水构筑物外壁不小于 30 m。

化粪池应根据每日排水量、地形、交通、污泥清掏和排水排放条件等因素综合考虑分散或集中设置。化粪池的有效容积应根据每人每日污、废水量和污泥量，污、废水在池中停留时间以及污泥清掏周期来确定。

2. 稳定塘

稳定塘也叫生物塘、氧化塘，是利用经过人工适当修整的土地，设围堤和防渗层的污水池塘，是主要依靠自然生物净化功能对污水进行处理的设施，属于自然生物处理法。污水在塘内缓慢流动、较长时间停留，通过污水中微生物的代谢作用和包括水生植物在内的多种生物的综合作用使有机物降解。塘内的溶解氧由塘内生长的以藻类为主的水生浮游植物光合作用及塘面的复氧作用提供。

稳定塘现多作为二级处理技术使用，如果将其串联起来，能够完成一级、二级以及深度处理全部系统的净化功能。其净化的全过程包括好氧、兼性和厌氧 3 种状态。稳定塘可分为4种：好氧塘、兼性塘、厌氧塘和曝气塘。

在不影响公园绿地的使用安全的前提下，可以利用好氧和兼性稳定塘进行少量污水的二级处理和深度处理。更可靠的利用方式是将稳定塘作为处理已经过二级处理的中水或雨水，可以在不产生环境危害的前提下提高水资源的利用效率，并与景观建设有机结合。

（1）稳定塘的优缺点

第一，能充分利用地形，结构简单，建设费用低。

采用污水处理稳定塘系统，可以利用荒废的河道、沼泽地、峡谷、废弃的水库等地段建设，结构简单，大都以土石结构为主，具有施工周期短，易于施工和基建费低等优点。污水处理与利用生态工程的基建投资约为相同规模常规污水处理厂的1/3～1/2。

第二，可实现污水资源化和污水回收及再用，实现水循环，既节省了水资源，又获得了经济收益。

稳定塘处理后的污水，可用于农业灌溉，也可在处理后的污水中进行水生植物和水产的养殖。将污水中的有机物转化为水生作物、鱼、水禽等物质，提供给人们使用或其他用途。如果考虑综合利用的收入，可能达到收支平衡，甚至有所盈余。

第三，处理能耗低，运行维护方便，成本低。

风能是稳定塘的重要辅助能源之一，经过适当的设计，可在稳定塘中实现风能的自然曝气充氧，从而达到节省电能降低处理能耗的目的。此外，在稳定塘中无须复杂的机械设备和装置，这使稳定塘的运行更能稳定并保持良好的处理效果，而且其运行费用仅为常规污水处理厂的1/5～1/3。

第四，美化环境，形成生态景观。

将净化后的污水引入人工湖中，用作景观和游览的水源。由此形成的处理与利用生态系统不仅将成为有效的污水处理设施，而且将成为现代化生态农业基地和游览的胜地。

第五，污泥产量少。

稳定塘污水处理技术的另一个优点就是产生污泥量小，仅为活性污泥法所产生污泥量的1/10，前端处理系统中产生的污泥可以送至该生态系统中的藕塘或芦苇塘或附近的农田，作为有机肥加以使用和消耗。前端带有厌氧塘或碱性塘的塘系统，通过厌氧塘或碱性塘底部的污泥发酵坑使污泥发生酸化、水解和甲烷发酵，从而使有机固体颗粒转化为液体或气体，可以实现污泥等零排放。

第六，能承受污水水量大范围的波动，其适应能力和抗冲击的能力强。

我国许多城市其污水 BOD 浓度很小，低于 100 mg/L，使活性污泥法尤其是生物氧化法无法正常运行，而稳定塘不仅能够有效地处理高浓度有机污水，也可以处理低浓度污水。

当然，稳定塘也有比较明显的缺点，例如，占地面积过于多；气候对稳定塘的处理效果影响较大；若设计或运行管理不当，则会造成二次污染；易产生臭味和滋生蚊蝇；污泥不易排出和处理利用。

（2）好氧稳定塘的设计

好氧稳定塘较浅（一般在 0.5 m 左右），阳光能透入到池底，由藻类供氧，使整个塘水都处于好氧状态。BOD5 的去除率甚至可达 80% 以上。好氧塘可作为独立的污水处理技术，也可以作为深度处理技术，设置在人工生物处理系统或其他类型稳定塘（兼性塘或厌氧塘）之后。污水在进塘之前必须进行旨在去除可沉悬浮物的预处理。

好氧塘应进行分格，不宜少于两格，可串联或并联运行。水深应保证阳光透射到塘底，使整个塘容都处于好氧状态。但不宜过浅，过浅会在运行上产生问题，如水温不易控制，变动频繁，对藻类生长不利；光合作用产生的氧不易保持；冲击负荷造成的影响较大等。

塘内污水应进行良好的混合，混合不好将产生热分层现象，该现象出现后，塘水上层温度高，水的密度降低，一些不能自由浮动的藻类在深度的某个部位形成密集层，阻碍阳光透入，不利于藻类的光合产氧。风是稳定塘塘水混合的主要动力，为此，好氧塘应建于高处通风良好的地域；每座塘的面积以不超过 40 000 m² 为宜。塘表面积以矩形为宜，长宽比取值 2：1~3：1，塘堤外坡 5：1，内坡 3：1~2：1，堤顶宽度取 1.8~2.4 m。可以考虑处理水回流措施，这样可以在原污水种藻类，增高溶解氧浓度，有利于稳定塘净化能力的提高。塘底有污泥沉积，是不可避免的，为了避免底泥发生厌氧发酵，影响好氧塘的净化能力，塘底泥应定期清除。好氧塘处理水含有藻多，必要时应进行除藻处理。

（3）兼性稳定塘的设计

兼性（好氧与厌氧分解状态兼有之）稳定塘塘深多采用 1.0~2.0 m，BOD5 去除率一般可达 70%~90%。由于塘较深，阳光不能透到池底，此塘的上层成为好氧层；在塘的底部，由沉淀的污泥和衰死的藻类和菌类形成了污泥层，厌氧微生物起主导作用，称为厌氧层。好氧层与厌氧层之间，存在着一个兼性层，存活的是兼性微生物。在各种类型的稳定塘中是应用最为广泛的一种。

兼性塘可以作为独立处理技术考虑，也可以作为生物处理系统中的一个处理单元，或者作为深度处理塘的预处理工艺。污泥层厚度取 0.3 mm，在有完善的预处理工艺的条件下，这个厚度可以容纳 10 年左右的积泥。其保护厚度按照 0.5~1.0 m 考虑。根据地区的气象条件，水质、对处理水水质的要求，地区的具体条件，停留时间一般规定为 7~180 d，幅度很大。高值用于北方，即使冰封期高达半年以上的高寒地区也可以采用；

低值用于南方，也能够保持处理水水质达到规定的要求。

在塘的构造方面，塘形以矩形为宜。矩形塘易于施工和串联组合，有助于风对塘水的混合，而且死区少。如四角做成圆形，死区更少，长宽比以 2∶1 或 3∶1 为宜。不宜采用不规则的塘形。除小规模的兼性塘可以考虑采用单一的塘进行处理外，一般不宜少于两座。宜采用多级串联，串联可得优质处理水。也可以考虑并联，并联式流程可使污水中的有机污染物得到均匀分配。第一塘面积大，占总面积的 30%~60%，采用较高的负荷率，以不使全塘都处于厌氧状态为限。

矩形塘进水口应尽量使塘的横断面上配水均匀，宜采用扩散管或多点进水，出水口与进水口之间的直线距离应尽可能地大，一般在矩形塘按对角线排列设置，以减少短路。

3. 湿地处理系统

湿地处理系统是将污水投放到土壤经常处于水饱和状态而且生长有芦苇、香蒲等耐水植物的沼泽地上，污水沿一定方向流动，流动的过程中，在耐水植物和土壤联合作用下，污水得到净化的一种土地处理工艺。

湿地处理系统对污水净化的作用机理是多方面的，有物理的沉降作用、植物根系内阻截作用、某些物质的化学沉淀作用、土壤及植物表面的吸附与吸收作用、微生物的代谢作用等。在湿地处理系统中以生长的维管束植物为主要特征，繁茂的水生植物为微生物提供了良好的栖息场所。维管束植物向其根部输送光合作用产生的氧，每一株维管束植物都是一部"制氧机"，使其根部周围及水中保持一定浓度的溶解氧，使根区附近的微生物能够维持正常的生理活动。植物也能够直接吸收和分解有机污染物。繁茂的水生植物还具有均匀水流、衰减风速、避免光照、防止藻类过度生长等多种作用。

湿地处理系统可分为天然湿地系统、自由水面人工湿地和人工潜流湿地处理系统几种类型。

天然湿地系统是利用天然洼淀、苇塘，并加以人工修整而成。其中设导流土堤，使污水沿一定方向流动，水深一般在 30~80 cm 之间，不超过 1.0 m，净化作用与好氧塘相似，适宜做污水的深度处理。

自由水面人工湿地是用人工筑成水池或沟槽状，池底铺设隔水层以防渗漏，再充填一定深度的土壤层，种植芦苇一类的维管束植物。污水由湿地的一端通过布水装置进入，并以较浅的水层以推流方式向前流动，从另一端溢入集水沟，在流动的过程中保持着自由水面。该工艺的有机负荷率及水力负荷率较低。在确定负荷率时，应考虑气候、土壤状况、植物类型以及接纳水体对水质要求等因素，特别是应使水层保持好氧状态作为首要条件。根据实际运行数据，有机负荷率介于 18~110 kgBOD5/（hm² · d）这样较大的幅度范围。

人工潜流湿地处理系统是人工筑成的床槽，床内充填介质支持芦苇类的耐水植物生长。床底设黏土或防水层，并具有一定的坡度。污水从沿床宽度设置的布水装置进入，在介质内流动，与布满生物膜的介质表面和溶解氧充分的植物根区接触，在这一过程中得到净化。根据水流在床内的流动方向不同，人工潜流湿地处理系统又可分为水平潜流和垂直潜流湿地系统两种类型。床内介质可以为土壤和粒径较大的碎石或单一的碎石砾石介质等，上层种植芦苇等耐水植物，下层则为植物根系深入的根系层。碎石充填深度应根据种植的植物根系能够达到的深度而定。一般芦苇为 60~70 cm。介质粒径可介于10~30 mm 之间。

第四章　风景园林水景工程施工

第一节　水景基础与水系规划

水具有流动性，也就具有可塑性，我们对水的设计实际上就是对盛水的容器的设计。水景工程即是城市园林中与水景相关的工程总称，其中包括水景设计、水景构造与施工。

一、水景的类型与作用

（一）水景的类型

1. 按水体的来源和存在状态划分

（1）天然型

天然型水景就是景观区域毗邻天然存在的水体（如江、河、湖等）而建，经过一定的设计，把自然水景"引借"到景观区域中的水景。

（2）引入型

引入型水景就是天然水体穿过景观区域，或经水利和规划部门的批准把天然水体引入景观区域，并结合人工造景的水景。

（3）人工型

人工型水景就是在景观区域内外均没有天然的水体，而是采用人工开挖蓄水，其所用水体完全来自人工，纯粹为人造景观的水景。

2. 按水体的形态划分

自然界中有江河、湖泊、瀑布、溪流和涌泉等自然景观。园林水景设计既要师法自然，又要不断创新，因此，水景设计中的水按其形态可分为平静的、流动的、跌落的和喷涌的4种基本形式。

水的这4种基本形式还反映了水从源头（喷涌的）到过渡的形式（流动的或跌落的）再到终结（平静的）运动的一般趋势。因此在水景设计中可以以一种形式为主，其他形式为辅，也可利用水的运动过程创造水景系列，融不同水的形式于一体，体现水运动序列的完整过程。

（二）水景的作用

1. 景观作用

"水令人远，景得水而活"，水景是园林工程的灵魂。由于水的千变万化，在组景中常用于借声、借形、借色、对比、衬托和协调园林中不同环境，构建出不同的富于个性化的园林景观。在具体景观营造中，水景具有以下作用。

（1）基底作用

大面积的水面视野开阔、坦荡，能托浮岸畔和水中景观。即使水面不大，但水面在整个空间中仍具有面的感觉时，水面仍可作为岸畔和水中景观的基底，从而产生倒影，扩大和丰富空间。

（2）系带作用

水面具有将不同的园林空间、景点连接起来产生整体感的作用，还具有作为一种关联因素，使散落的景点统一起来的作用。前者称为线形系带作用，后者称为面形系带作用。

（3）焦点作用

喷涌的喷泉、跌落的瀑布等动态形式的水的形态和声响能引起人们的注意，吸引住人们的视线。此类水景通常安排在向心空间的焦点、轴线的交点、空间醒目处或视线容易集中的地方，以突出其焦点作用。

2. 生态作用

地球上以各种形式存在的水构成了水圈，与大气圈、岩石圈及土壤圈共同构成了生物物质环境。作为地球水圈一部分的水景，为各种不同的动植物提供了栖息、生长、繁衍的水生环境，有利于维护生物的多样性，进而维持水体及其周边环境的生态平衡，对城市区域生态环境的维持和改善起到了重要的作用。

水景中的水对于改善居住区环境微气候以及城市区域气候都有着重要的作用，这主要表现在水可以增加空气湿度、降低温度、净化空气、增加负氧离子、降低噪声等。

3. 休闲娱乐作用

人类本能地喜爱水，接近、触摸水都会感到舒服、愉快。在水上还能从事多项娱乐活动，如划船、游泳、垂钓等。因此，在现代景观中，水是人们消遣娱乐的一种载体，可以带给人们无穷的乐趣。

4. 蓄水、灌溉及防灾作用

水景中大面积的水体，可以在雨季起到蓄积雨水、减轻市政排污压力、减少洪涝灾害发生的作用。而蓄积的水源，又可以用来灌溉周围的树木、花丛、灌木和绿地等。特别是在干旱季节和震灾发生时，蓄水既可以用作饮用、洗漱等生活用水，还可用于地震引起的火灾扑救等。

二、城市水系规划概述

（一）城市水系

园林中的水体是城市水系的一个重要组成部分。园林水体不仅要满足园林绿地本身的要求，而且必须担负城市水系规划所赋予的任务，因此，在设计园林水体时，首先要了解城市水系。城市规划部门的任务之一就是调节和治理天然水体、开辟人工河湖、争取水利、防治水害，将城市水系联系成一个整体。同时，城市水系规划为各段水体确定了一些水工控制数据，如最高水位、最低水位、常水位、水容量、桥涵过水量、流速及各种水工设施。在进行园林内部水体设计时，要依据这些数据来进一步确定一些水工数据，进水、出水的水工构筑物和水位，并完成城市水系规划所赋予的功能。

（二）水系规划的内容

园林内部水景工程建设之前，要对以下内容进行调查。

①河段的等级划分及其主要功能。

②河段的近期及远期水位，包括最高水位、最低水位、常水位、水体高程、驳岸线高程。

③通过河段在城市负担任务的大小，确定水面面积及水体容积。

④确定滨河路高程及其断面形式。

⑤水工构筑物的位置、规格和要求。

园林水景工程除了满足以上水工要求以外，还要尽可能将水工与园景其他要素的关系相协调，同时满足生态需求，统一水工与水景的矛盾。

（三）水文知识

①水位：水体上表面的高程称为水位，通常通过水位标尺判定。

②流速：水在单位时间所走的距离，单位为 m/s。水中一般上表面流速大于下表面流速、中心流速大于岸边流速，因此，要从多部位观察并取其平均值。对一定深度水流

的流速必须用流速仪测定。

③流量：在一定水流断面内单位时间内流过的水量称为流量。

在过水断面面积不相等的情况下则必须在有代表性的位置测取过水断面的面积。如水深和不同深度流速差异大，应取平均流速。

④整治线：在整治水位时稳定河槽的水边线（或整治流量时的平面轮廓线）。整治线多为圆滑的曲线。

第二节　静水工程

一、常见的静水形式

静水一般是指成片状汇集的水面，在园林中它常以湖、塘、池、泉等形式出现。静态的水景让人感觉到宁静、舒适、幽雅。

（一）水庭

水庭是以水池为中心，并以水充满整个建筑空间的庭院。水庭具有平静、开朗、温柔的风格，在传统园林中使用很多。

（二）小水面

小水面多采用变化单纯的中央水池，边角附着一至两个水湾。

（三）伴池

"天子之学有辟雍，诸侯之学有伴宫。"其中辟雍与伴宫源于西周天子为贵族子弟所设的大学，取四周有水，形如璧环为名。因此，我国各地孔庙及寺院多设伴池，其形式亦多种多样。

（四）阿字池

这种水池的水际线呈阿字形，主要代表了佛教中阿字为众生之母的阿字观。阿字池一般设在阿弥陀堂的前面，池中有岛、拱桥、平桥，池内种荷花。

（五）泉与井

泉是地下水的天然露头，是水中的奇观，古往今来一直作为景观资源，并与中国园林文化紧密结合。从形式上看，它们或整形或自然，或半整形半自然，但都能巧妙地与环境相结合，进而融为一体。

井本是取水的构筑物，但也已成为我国园林景观之一。这不仅因为它有修饰精美的井围，还因其具有丰富的内涵。

（六）大水面

在大型园林中，结合地形改造，常常设大水面。

二、湖水工程

湖属静态水体，有天然湖和人工湖之分。前者是自然的水域景观。人工湖则是人工依地就势挖掘而成的水域，沿岸因境设景，似自然天成。湖的特点是水面宽阔平静，具有平远、开朗之感。此外，湖往往有一定的水深以利于水产，并且常在湖中利用人工堆土成小岛，用来划分水域空间，使水景层次更丰富。

（一）湖的布置要点

园林中利用湖体来营造水景，应充分体现湖的水光特色。首先，要注意湖岸线的水滨设计，讲究湖岸线的"线形艺术"；其次，要注意湖体水位设计，选择合适的排水设施，如水闸、溢流孔（槽）、排水孔等；最后，要注意人工湖的基址选择。

（二）湖的工程设计

1. 水源选择

①蓄积雨水。

②池塘本身的底部有泉。

③引天然河湖水。

④打井取水。

选择时应考虑地质、卫生、经济上的要求，并充分考虑节约用水。

2. 基址选择

①砂质黏土、壤土，土层细密、土层厚实或渗透力小于 0.07 ~ 0.09 m/s 的黏土夹层，适合挖湖。

②基土为砂质、卵石层等容易漏水，不适合建湖。

③如果基土为淤泥或草煤层，需要全部挖掉。

④黏土虽然透水性小，但是湿时易成泥浆，不适宜建湖。

因此，一般小型水面实行坑探，大型水面实行钻探，以确定土层情况，选择合适的建湖基址。

3. 水量损失估算

水量损失主要是由于风吹、蒸发、溢流、排污和渗漏等原因造成的损失。一般按循环水流量或水池容积的百分数计算。

①水面蒸发量的测定和估算。关于水面蒸发量，我国目前主要采用 E-601 型蒸发器测定，但测出的数值比实际的大，应乘以 0.75~0.85 的折减系数。

在缺乏实测资料时，可按下式估算：

$$E = 22(1 + 0.17W_{200}^{1.5})(e_0 - e_{200}) \qquad (4-1)$$

式中：E ——水面蒸发量；

e_0 ——对应水面温度的空气饱和水气压，Pa；

e_{200} ——水面上 200 cm 处的空气水气压，Pa；

W_{200} ——水面上空 200 cm 处的风速，m/s。

②渗透损失。计算水体的渗透损失是十分复杂的。

（三）人工湖底的处理

1. 湖底防渗透处理

部分湖的土层渗透性极小，基本不漏水，因此无须进行特别的湖底处理，适当夯实即可，如北京的龙潭湖、紫竹院等。同时，在部分基址地下水位较高的人工湖湖体施工时，为避免湖底受地下水的挤压而被抬高，必须特别注意地下水的排放。通常用 15 cm厚的碎石层铺设整个湖底，上面再铺 5~7 cm 厚的砂子。如果这种方法还无法解决，则必须在湖底开挖环状排水沟，并在排水沟底部铺设带孔 PVC 管，四周用碎石填塞。

2. 湖底的常规处理

常规湖底从下到上一般可分为基层、防水层、保护层、覆盖层。

①基层。一般土层经碾压平整即可。砂砾或卵石基层经碾压平整后，其上须再铺厚度为 15 cm 的细土层。如遇有城市生活垃圾等废物应全部清除，用土回填压实。

②防水层。用于湖底的防水层材料很多，主要有聚乙烯防水毯、聚氯乙烯防水毯、三元乙丙橡胶防水卷材、膨润土防水毯、赛柏斯掺合剂、土壤固化剂等。

③保护层。在防水层上平铺 15 cm 厚的过筛细土，以保护防水材料使其不被破坏。

④覆盖层。在保护层上覆盖 50 cm 厚的回填土，防止防水层被撬动。其寿命可保持 10~30 年。

湖底处理应因地制宜，灰土或三合土湖底适宜于大面积湖体，混凝土湖底适宜于较

第四章 风景园林水景工程施工

小的湖池。

（四）驳岸与护坡

园林中的各种水体需要有稳定、美观的岸线，并使陆地与水面之间保持一定的比例关系。为防止陆地被淹或水岸坍塌而影响水体，应在水体的边缘修筑驳岸或进行护坡处理。

1. 驳岸工程

园林驳岸是一面临水的挡土墙，是在园林水体边缘与陆地交界处，为稳定岸壁、保护湖岸不被冲刷、防止岸壁坍塌的水工构筑物。其作用有两个：一是维系陆地与水面的界限，防止因水的侵蚀、冻胀、风浪淘刷使岸壁塌陷，导致陆地后退，岸线变形，影响园林景观；二是通过驳岸强化岸线的景观层次，丰富水景的立面层次，加强景观的艺术效果。在中国古典园林中，驳岸往往用自然山石砌筑，与假山、置石、花木相结合，共同组成园景。

①驳岸破坏的因素：护岸前造成岸壁破坏的因素，护岸后造成岸壁破坏的因素。

②驳岸平面位置与岸顶工程的确定：与城市河流接壤的驳岸按照城市河道系统规定平面位置建造，园林内部驳岸则根据湖体施工设计确定驳岸位置。平面图上常水位线显示水面位置。整形式驳岸岸顶宽度为 30~50 cm，岸顶高程应比最高水位高出一段，以保证湖水不致因风浪拍岸而涌入岸边地面，高出 25~100 cm。

从造景角度看，深潭和浅水面的要求也不一样。一般湖面驳岸贴近水面为宜，游人可亲近水面，并显得水面丰盈、饱满。

③常见驳岸的形式：根据驳岸的造型可将驳岸划分为规则式驳岸、自然式驳岸、混合式驳岸 3 种。

规则式驳岸：用块石、砖、混凝土砌筑的比较规整的驳岸，如常见的重力式驳岸、半重力式驳岸和扶壁式驳岸等。园林中的驳岸以重力式驳岸为主，这类驳岸简洁明快、坚固耐冲刷，但过于生硬、缺少变化。

自然式驳岸：外观模仿自然、无固定形状或规格的岸坡，如常见的假山石驳岸、石矶驳岸、木桩驳岸等。这类驳岸自然亲切，景观效果好，能与周围环境较好地融合。

混合式驳岸：结合了规则式驳岸和自然式驳岸的特点，一般用规整毛石砌挡土墙，自然山石封顶。这类驳岸在园林工程中也较为常用，但要注意尽量使人工砌石部分做在最低水位线以下。

④常见驳岸的结构：园林中使用的驳岸形式主要以重力式结构为主，其中，砌石驳岸又是重力式驳岸最主要的形式。它主要依靠墙身自重来保证岸壁的稳定，抵抗墙后土壤的压力。园林驳岸的常见结构，它主要由基础、墙身和压顶 3 部分组成。具体构造及

名称有以下方面。

压顶——驳岸之顶端结构，一般向水面有所悬挑，其作用是增强驳岸稳定性，阻止墙后土壤流失，美化水岸线。压顶一般用 C15 混凝土或大块石做成，宽度 30~50 cm。

墙身——基础与压顶之间的主体部分，其承受的压力最大，主要来自垂直压力、水的水平压力及墙后土壤侧压力，为此墙身要确保一定厚度，多用混凝土、毛石、砖砌筑。

基础——驳岸的底层结构，常用材料有灰土、素混凝土、浆砌块石等。厚度一般为 400 mm，埋入湖底深度不得小于 50 cm，宽度一般在驳岸高度的 0.6~0.8 倍范围内。

垫层——基础的下层，常用材料有矿渣、碎石、碎砖等，整平地坪，以保证基础与土基均匀接触。

基础桩——增加驳岸的稳定性，也是防止驳岸滑移或倒塌的有效措施，同时兼起加强土基承载能力的作用。常用材料有木桩、混凝土桩等。直径为 10~15 cm，长 1~2 m。

沉降缝——考虑到墙高不等、墙后土压力、地基沉降不均匀等因素的影响，必须设置断裂缝。缝距可采用：浆砌石结构 15~20 m，混凝土和钢筋混凝土结构 10~15 m。

伸缩缝——为避免因混凝土收缩硬化和湿度、温度的变化所引起的破裂而设置的缝道。一般 10~25 m 设置一道，宽度约 30 mm，有时也兼做沉降缝用。

泄水孔——为排出地面渗入水或地下水在墙后的滞留，常用打通毛竹管，间距 3~5 m 埋于墙身内，铺设成 1∶5 斜度。泄水孔出口高度宜在低水位以上 500 mm。同时驳岸墙后孔口处须用细砂、粗砂、碎石等组成倒滤层，以防止泄水孔入口处土颗粒的流失而导致阻塞。

由于园林中驳岸高度一般不超过 2.5 m，可以根据经验数据来确定各部分尺寸，而省去繁杂的结构计算。

⑤驳岸施工的要点：重力式驳岸宜在较好的地基上采用；在较差的地基上采用时，必须进行加固处理，并应在结构上采取适当的措施。现以浆砌块石驳岸说明其施工要点。

放线——布点放线应根据施工图上常水位线来确定驳岸的平面位置，并在驳岸基础两侧各加宽 20 cm 放线。

挖槽——一般采用人工开挖，工程量大时可采用机械挖掘；为保证施工安全，挖方时要保证足够的工作面，对需要放坡的地段，务必按规定放坡；倾斜的岸坡可用木制边坡样板校正。

夯实地基——基础开挖完成后将基槽夯实，遇到松软土层时，必须铺 14~15 cm 厚的灰土加固（北方做法）。

浇筑基础浇筑时要将块石垒紧，不得列置于槽边缘；然后，浇筑 M15 或 M20 水泥砂浆，灌浆务必饱满，要渗满石间空隙。

砌筑岸墙——M5 水泥砂浆砌筑块石，砌缝宽 1~2 cm。勾缝可稍高于石面，也可平或凹进石面，要求岸墙墙面平整、美观，砂浆饱满，勾缝严实；每隔 10~25 m 设置伸缩缝，缝宽 3 cm，用板条、沥青、石棉绳、橡胶、止水带等材料填充，缝隙用水泥砂浆勾满；如果驳岸高差变化较大，则应做宽 2 cm 的沉降缝；另外，除在墙身设置泄水孔外，也可在岸墙后设置暗沟，填置砂石排出墙后积水，以保护墙体。

砌筑压顶——压顶宜用大块石或预制混凝土板砌筑，砌筑时顶石要向水中挑出 5~6 cm，顶面一般高出水面 50 cm，必要时亦可贴近水面。

2. 护坡工程

护坡是保护河湖或路边坡面（一般在自然安息角以内）防止雨水径流冲刷及风浪拍击的一种水工措施。为了顺其自然，护坡没有如驳岸那样支撑土壤的岸壁直墙，而是在土壤斜坡上铺设各种材料护坡。护坡的作用主要是防止滑坡现象，减少地面水和风浪的冲刷，保证岸坡的稳定。自然式缓坡护坡能产生亲水的效果，在园林中使用很多。

①常见护坡的形式及做法：护坡形式的选择要综合考虑坡岸用途、景观透视要求、水岸地质状况和水流冲刷程度等。目前，在园林工程中常见的护坡形式有草皮护坡和块石护坡。

草皮护坡——当岸壁坡角在土壤自然安息角以内，地形变化在 1∶20~1∶5 之间时，可以考虑用草皮护坡，从而得到较美的景观效果。护坡用的草种要求耐水湿、根系发达、生长快、生存能力强，如假俭草、狗牙根等。

草皮护坡的做法视坡面具体条件而定：一是直接在坡面上播草种，并加盖塑料薄膜；二是在预制好的混凝土砖或混凝土骨架内植草；三是直接在坡面上植块状或带状草皮，施工时沿坡面自下而上成网状铺草，然后用竹签固定四角做护坡。

如果坡度稍大且土壤贫瘠，可采用三维植被网播草种进行护坡。如果在草皮护坡基础上种植低矮灌木可加强护坡效果。

块石护坡——如果坡岸较陡，风浪变化较大，或因造景需要时可考虑块石护坡。块石护坡抗冲刷能力强，经久耐用，是园林工程中常用的护坡方式。护坡石料一般选用花岗岩、砂岩、砾岩、板岩等，其中以块径 18~25 cm、边长比 1∶2 的长方形石料最好。

块石护坡的坡面设计应根据水位和土壤状况确定。一般常水位以下部分坡面小于1∶4，常水位以上部分宜用 1∶1.5~1∶5 的坡面。

对于小水面，当护面高度在 1 m 左右时，护坡的做法比较简单。

当水面较大、水深超过 2 m 时，为使块石护岸更加稳固，就要在水淹部分采用双层铺石，厚度 50~60 cm。铺石时每隔 5~20 m 预留泄水孔，20~25 m 设伸缩缝一道，并在坡脚处设挡水板。

②护坡施工要点：块石护坡施工工程量较草皮护坡工程量大，下面以块石护坡说明其施工要点。

开槽——坡岸地基平整后，按设计要求用石灰将基槽轮廓放出（基槽两侧各加20 cm作为开挖线）。根据设计深度挖出基础梯形槽，并将土基夯实。

铺倒滤层、砌坡脚石——为了使护坡有足够透水性以减少土壤从坡面上流失，须按要求在块石下分层铺筑倒滤层。倒滤层常做1~3层，总厚度15~25 cm：第一层为粗砂层；第二层为小卵石或小碎石层；第三层用级配碎石。有时也可用青苔、水藻、泥灰、煤渣等做倒滤层。倒滤层沿坡铺料颗粒要大小一致、厚度均匀。然后在挖好的沟槽中浆砌坡脚石，坡脚石宜选用大块石（石块径宜大于400 mm），砌时先在基底铺一层厚10~20 cm的水泥砂浆，尔后——砌石，并灌满砂浆，以保证坡脚石的稳固。

铺砌块石要从坡脚石起，由下而上铺砌块石。砌时石块呈品字形排列，保持与坡面平行，彼此紧贴，用铁锤打掉过于突出的棱角并挤压上面的碎石使之密实地压入土内。铺完后可在坡面上行走，测试石块的稳定性，如石头不松动，说明铺石质量好，否则要用碎石嵌垫石间空隙。

3. 生态护岸工程设计

传统的、只考虑安全性的混凝土护岸相对单调，创造丰富多彩的、充满生机的岸边景观，已引起国际上的广泛关注。园林水体驳岸与护坡是水体生态景观的重要组成部分，除有保护岸壁等功能需求外，还具有为两栖动物、水生动物提供栖息地的功能，是水陆水分、营养交换的重要场所，对保护和恢复生物多样性起到重要的作用。因此，园林护岸应采用生态工程方法营造，即以生物学与生态学为基本原理，尽量利用自然材料，通过工程技术来设计一种可持续发展的系统。

生态护岸要避免使用混凝土，尽量使用自然材料，如砂石、石头、石块、木头和植物等，并实行"五化"原则：表面多孔化、驳岸低矮化、坡度缓坡化、材质自然化、施工经济化。

（五）水闸

水闸是一种既能挡水又能泄水的低水头水工构筑物，通过启闭闸门来控制水位和流量。常设于园林的进出水口。水闸主要有叠梁式闸、上提式闸、橡胶坝3种，在园林景观水体中以上提式水闸最为普遍。

1. 水闸类型

按其所担负的任务不同，水闸可分为下列几类。

①进水闸：设于入水口处，联系上游和控制进水量。

②分水闸：用于控制水体支流出水。

③泄水闸：设于水体出口处，联系下游和控制出水量。

2. 闸址的选择

①闸址应分别设在所控水体的上、下游。

②闸体轴心线应与水体流动中心线相吻合，使水流通过水闸时畅通无阻。进水闸的取水口应设在弯道顶点以下水深最深、单宽流量大、环流强的地方，这样能引取表面清水，排走底砂。引水角应做成锐角，一般为 $\theta = 30° \sim 60°$。

③水体急弯处避免设闸，如一定要在转弯处设闸，则要改变局部水道使之呈平直或缓曲。

④闸址应选择质地均匀、压缩性小、承载力大的地基，以避免发生大的沉陷。利用良好的岩层作为闸址最好，避免在砂壤土处设闸。

3. 水闸的结构

园林中常用水闸的结构大致可分为 3 个部分，即地上部分（上层结构）、地下部分（下层结构）、地基。

①地上部分。地上部分主要包括闸墙、闸墩、闸门、翼墙。

②地下部分。地下部分主要包括闸底（承接地上部分建筑荷载等）、铺盖（不透水层，防渗）、护坦（消力池，半透水层，增加消能效果）、海漫（透水层，保护下游河床）4 个部分。

③地基。地基承受着上部建筑物的重量和活荷载、闸身两侧土壤重量、土压力、水压力等全部压力，要避免发生超限度和不均匀沉降，同时注意防止地下渗流，出现管涌。

4. 水闸的结构设计

①闸墙和翼墙。闸墙和翼墙多采用重力式挡土墙的结构。

墙顶宽——一般为 30~60 cm。

墙底宽——用宽高比（B/H）表示。宽高比与土质有关：砂砾土的宽高比为1∶0.40~1∶0.35，湿砂土的宽高比为1∶0.60~1∶0.58，含根土的宽高比为1∶0.75。

墙顶高程及墙高度——墙顶高程为内湖高水位、风浪高、安全超高之和，并与堤顶同高；墙高度为墙顶高程减去湖底高程。

墙基厚——通常为 30~60 cm。

②闸底。小型闸底板一般用 M5、M7.5 水泥砂浆砌块石或 C10~C15 混凝土建造。

闸底高程——与上游河底同高。

闸底长度——一般为上下游水位差的 1.5~3 倍，与闸墩长度相同。

底板厚度——为闸孔净宽的 1/6~1/4，通常为 40~60 cm。

③闸孔宽度的确定。闸孔宽度应根据引用水流量、上下游水位差及下游水深来决定。

④水闸工程。水闸设计不仅要满足其功能需求，还须在外观及造型上与周围环境相适应，比如，可采用植物材料进行装饰，也可通过改变闸板和横梁的色彩来体现地方文化特色。

三、水池工程

水池也属静态水体，园林中常见的是人工水池，其形式也多种多样。它与人工湖有较大的不同，多取人工水源，并包括池底、池壁、进出水等系列管线设施。一般而言，水池的面积较小，水较浅，以观赏为主，常是园林局部构图的中心，可用作处理广场中心、道路尽端以及和亭廊、花架、花坛等进行各种形式的组合。

（一）水池的分类

园林景观用人工水池按修建的材料和结构可分为刚性结构水池、柔性结构水池、临时简易水池 3 种。

1. 刚性结构水池

刚性结构水池也称钢筋混凝土水池。特点是池底、池壁均配钢筋，寿命长、防漏性好，适用于大部分水池。

2. 柔性结构水池

近几年，随着建筑材料的不断革新，出现了各种各样的柔性衬垫薄膜材料，改变了以往只靠加厚混凝土和加粗加密钢筋网防水的做法，例如，北方地区水池为避免渗透冻害，可以选用柔性不渗水材料做防水层。其特点是寿命长，施工方便且自重轻，不漏水，特别适用于小型水池和屋顶花园水池。目前，在水池工程中常用的柔性材料有玻璃布沥青席、三元乙丙橡胶（EPD M）薄膜、聚氯乙烯（PVC）衬垫薄膜、膨润土防水毯等。

3. 临时简易水池

此类水池结构简单，安装方便，使用完毕后能随时拆除，甚至还能反复利用。一般适用于节日、庆典、小型展览等。

临时水池的结构形式不一。对于铺设在硬质地面上的水池，一般可采用角钢焊接、红砖砌筑或者泡沫塑料制成池壁，再用吹塑纸、塑料布等分层将池底和池壁铺垫，并将塑料布反卷包住池壁外侧，用素土或其他重物固定。内侧池壁可用树桩做成驳岸，或用盆花遮挡，池底可视需要再铺设砂石或点缀少量卵石。另一种可用挖水池基坑的方法建造：先按设计要求挖好基坑并夯实，再铺上塑料布，塑料布应至少留 15 cm 在池缘，并用天然石块压紧，池周按设计要求种上草坪或铺上苔藓，一个临时水池便可完成。

（二）水池的基本结构

水池的结构形式较多，下面主要介绍园林中常用的刚性结构水池的基本结构。

1. 压顶

压顶属池壁顶端装饰部位，作用是保护池壁，防止污水泥砂流入池内。下沉式水池压顶至少要高出地面 5~10 cm，且压顶距水池常水位为 200~300 mm。其材料一般采用花岗岩等石材或混凝土，厚 10~15 cm。常见的压顶形式有两种：一种是有沿口的压顶，它可以减少水花向上溅溢，并能使波动的水面快速平静下来，形成镜面倒影；另一种为无沿口的压顶，会使浪花四溅，有强烈的动感。

2. 池壁

池壁是水池竖向部分，承受池水的水平压力。一般采用混凝土、钢筋混凝土或砖块。钢筋混凝土池壁厚度一般不超过 300 mm，常用 150~200 mm，宜配直径 8 mm、12 mm 钢筋，中心距 200 mm，C20 混凝土现浇。同时，为加强防渗效果，混凝土中须加入适量防水粉，一般占混凝土的 3%~5%，过多会降低混凝土的强度。

3. 池底

池底直接承受水的竖向压力，要求坚固耐久。多用现浇钢筋混凝土池底，厚度应大于 20 cm，如果水池容积大，须配双层双向钢筋网。池底设计须有一个排水坡度，一般不小于 1%，坡向向泄水口。

4. 防水层

水池工程中，好的防水层是保持水池质量的关键。目前，水池防水材料种类较多，有防水卷材、防水涂料、防水嵌缝油膏等。一般水池用普通防水材料即可，钢筋混凝土水池防水层可以采用抹 5 层防水砂浆做法，层厚 30~40 mm。还可用防水涂料，如沥青、聚氨酯、聚苯酯等。

5. 基础

基础是水池的承重部分，一般由灰土或砾石三合土组成，要求较高的水池可用级配碎石。一般灰土层厚 15~30 cm，C10 混凝土层厚 10~15 cm。

6. 施工缝

水池池底与池壁混凝土一般分开浇筑，为使池底与池壁紧密连接，池底与池壁连接处的施工缝可设置在基础上方 20 cm 处。施工缝可留成台阶形，也可加金属止水片或遇水膨胀胶带。

7. 变形缝

长度在 25 m 以上水池要设变形缝，以缓解局部受力。变形缝间距不大于 20 cm，要求从池壁到池底结构完全断开，用止水带或浇灌沥青做防水处理。

（三）水生植物种植池

在公园、住宅小区、庭园等水体景观中，常需要在水池内种植花草，以丰富水池景观，如华南植物园内水生植物种植池。大型水池的岸边也经常修建种植池栽植水生植物以软化池岸，增加景观层次，同时为两栖动物提供生存空间。

1. 水生植物种植池做法

水生植物种植池须根据水生植物生长需求进行设计。一般采用分层式设计，常分为深水区、浅水区、池边湿地区等。土壤最好用 40% 培养土，加上 40% 田土及 20% 的溪砂，混合在一起。如原池水太深，应先将植物种植在种植箱内或盆中，并在池底砌砖或垫石为基座，再将种植盆移至基座上。

2. 水生植物的选择

一般常用的水生植物有荷花、睡莲、水葱、香蒲、慈姑、萍篷莲、石菖蒲、金鱼藻、泽泻、芦苇、旱伞草等，其生长特性各不相同。水生植物应根据其生长特性按不同深度布置于池内，所选种类不宜过多，其搭配要注意色彩及层次。水生植物池容易招来蚊虫，水池中最好能养少许小型鱼类来保持生态平衡，如鲤鱼、鲫鱼等，但不宜饲养草食性鱼类，如金鱼、锦鲤等。

（四）水池设计

水池设计包括平面设计、立面设计、剖面设计、管线设计等。

1. 平面设计

水池的平面设计要与所在环境的气氛、建筑和道路的线形特征及视线关系相协调统一，无论是规则式水池还是自然式、综合式水池，都要力求造型简洁大方而又富有个性。水池平面设计主要显示其平面位置和尺寸。水池平面还须标注各部分的高程，表示进水口、泄水口、溢水口和喷头、种植池的平面位置与所取剖面的位置。

2. 立面设计

立面设计反映水池主要朝向各立面处理的高差变化和立面景观。水池池壁顶面与附近地面要有合适的高程关系，可略高于路面，也可以持平或低于路面做成沉床水池。喷水池则要表示立面的喷水姿态变化。

3. 剖面设计

剖面设计充分反映水池的内部结构。剖面应有足够的代表性，须剖到主要节点、高程变化处，图纸上应标注出从地基到池壁顶各层的材料、厚度及水位标高等。

4. 管线设计

管线设计要求绘制管线平面图，反映进水、泄水、溢水等管线及设施的布置，标注出管径大小、管线高程等。

第三节　流水工程

水是一种无定形的自然物质，它可以随形而变，故可以完全由人工创造不同的载体而产生不同的流体形态。其中，溪流是自然山涧中的一种水流形式。在园林中小河两岸砌石嶙峋，河中涓涓细流纵横交织，大小石块疏密有致，水流激石，淙淙而流，再加上两岸土石之间耐水湿的蔓木和花草，便构成极具自然野趣的溪流。现代园林中的小溪则是自然界溪流的艺术再现，是连续的带状动态水体。其应用十分广泛，尤其在狭长形的园林用地中，一般采用溪流的理水方式比较合适。

一、小溪的组成和形态

自然界中的溪流多是在瀑布或涌泉下游形成，上通水源，下达水体。溪岸高低错落、流水晶莹剔透，且多有散石净砂、绿草翠树。

溪流的一般模式。

①小溪呈狭长形带状，曲折流动，水面有宽窄变化。

②溪中常分布砂心滩、砂漫滩，岸边和水中有岩石、矶石、汀步、小桥等。

③岸边有可近可远的自由小径。

二、小溪的布置要点

第一，溪流的形态应根据环境条件、水量、流速、水深、水面宽和所用材料进行合理的设计。其布置讲究师法自然，宽窄曲直对比强烈，空间分隔开合有序。平面上要求蜿蜒曲折，立面上要求有缓有陡，整个带状游览空间层次分明，组合有致，富于节奏感。

第二，溪流的坡度应根据地理条件及排水要求而定。普通溪流的坡度宜为 0.5%，急流处为 3%左右，缓流处不超过 1%。溪流宽度宜为 1~3 m，可通过溪流宽窄变化控制流速和流水形态。溪流水深为 0.3~1 m，分为可涉入式和不可涉入式两种。可涉入式溪流的水深应小于 0.3 m，以防止儿童溺水，同时水底应做防滑处理。可供儿童嬉水的溪流，应安装水循环和过滤装置。不可涉入式溪流的水深超过 0.4 m 时，应在溪流边采取防护措施（如石栏、木栏、矮墙等）。同时宜种养适应当地气候条件的水生动植物，增强观赏性和趣味性。

第三，溪流的布置离不开石景，在溪流中配以山石可充分展现其自然风格。在溪流设计中，通过在溪道中散点山石可创造水的各种流态及声响。同时，可利用溪底的平坦和凹凸不平产生不同的景观效果，如常在园林中上游溪底布置大小不一的粗糙山石，使水面上下翻腾，欢快活跃，下游溪底石块则光滑圆润、大小一致，使水面温和平静。

第四，人工溪流时间一长，池内会滋生能产生黑水的藻类植物，使水质浑浊，因此可在溪流中某处加以拓宽形成沼泽植物过滤区，利用水生植物吸收水中营养成分。也可在沿途设置喷泉小品，利用其曝气充氧作用，使溪流清澈自然。

三、溪流的水力计算

人工溪流一般采用循环供水的方式，源头设溢水池或直接布管放水，下游蓄水池底部布置潜水泵将水抽回源头形成循环供水的溪流景观。为了使水泵从下游水池抽水到形成溪流流回下游水池的这段过程中，下游水池水位的下降能控制在理想的范围内，就要求下游水池有足够的容积。如果下游水池过小，水量不够小溪使用，那就会出现不堪设想的后果：下游水池水位下降很多，危及池内动植物生存，而且大部分池岸显露出来，非常难看；下大雨或水泵关闭时，水池又会被淹没。再精彩的设计都无法弥补水池大小计算错误所造成的后果。一般按照经验，下游蓄水池的容积为整个溪流的水流体积的 5 倍较为合适。

同时，为了使溪道中的水流满足设计要求，则必须算好其流量，选择合适的泵型，可参照河渠的水力计算公式进行计算。对于采用分层分段实现高度变化的溪流，可采用跌水的水力计算公式进行计算。

（一）流速

溪流流速的计算公式为

$$v = \frac{1}{n} R^{\frac{2}{3}} i^{\frac{1}{2}} \tag{4-2}$$

式中：v ——流速，m/s；

R ——水力半径，即水流的过水断面面积（水流垂直方向的断面面积）与该断面湿周（水流与岸壁相接触的周界）之比；

n ——河道粗糙系数；

i ——河道比降，即任一河段的落差与该段长度的比值。

河道安全流速在河道的最大和最小允许流速之间。其最小允许流速（临界淤积流速或叫不淤积流速）根据含泥砂性质，可按相关公式计算，溪流一般不得小于 0.2 m/s。在实际工作中，根据经验，人工溪流的流速一般控制在 0.5~1.8 m/s。

（二）流量

溪流流量的计算公式为

$$Q = w \times v \tag{4-3}$$

式中：Q ——流量，m³/s；

w ——过水断面面积，m²，$w = 2/3$ 水面宽×高，或 $b =$（水面宽+底）×高/2；

v ——平均流速，m/s。

四、小溪的结构

小溪的结构做法主要由溪流所在地的气候、土壤地质情况、溪流水深、流速等情况决定。

（一）溪底做法

溪底做法也分为刚性结构和柔性结构。

（二）滚槛做法

槛本意是门下的横木，这里是指横卧于溪底的滚水坝，使水越过横石翻滚而下形成急流。园林造景中常在溪流中应用，利用水的音响效果渲染气氛。依据落水的形式分为直墙式与斜坡式，它们各形成不同的浪花。滚槛的设计常与置石相结合。

五、小溪的施工要点

（一）溪道放线

依据已确定的小溪设计图纸，用石灰、黄沙或绳子等在地面上勾画出小溪的轮廓，同时确定小溪循环用水的出水口和下游蓄水池间管线走向。然后在所画轮廓上定点打桩，且在弯道处加密打桩量。并利用塑料水管水平仪等工具标注相应的设计高程，变坡点要做特殊标记。

（二）溪槽开挖

溪道最好挖掘成 U 形坑，开挖时要求有足够的宽度和深度，以便放置岩石和种植植物。分段的溪流在落入下一段之前应该保有 7~10 cm 的深度，这样才能保证流水在周围地平面以下。同时每一段最前面的深度都要深些，以确保小溪的自然。溪道挖好后，必须将溪底基土夯实，溪壁拍实。

（三）溪底施工

根据实际情况可选择混凝土结构和柔性结构。混凝土结构溪底现浇混凝土 10~15 cm 厚（北方地区可适当加厚），并用粗铁丝网或钢筋加固混凝土。现浇须在一天内完成，且必须一次浇筑完毕。如果小溪较小，水又浅，溪基土质良好，可采用柔性结构。直接在夯实的溪道上铺一层 2.5~5 cm 厚的砂子，再将衬垫薄膜盖上。衬垫薄膜纵向的搭接长度不小于 30 cm，留于溪岸的宽度不得小于 20 cm，并用砖、石等重物压紧。最后用水泥砂浆把石块直接粘在衬垫薄膜上。

（四）溪壁施工

溪岸可用大卵石、砾石、石料等铺砌处理。一种称为"背涂"的工艺在创造自然效果方面非常有效。顺着小溪的边缘，做一层 5 cm 厚的砂浆层，把石块轻轻地推入砂浆层中，再用砌刀把砂浆向上抹到石块的后面。继续把石块放置到第一排上。当第一道砂浆变硬而能够承重时，再顺着第一道砂浆顶部的后缘涂第二道砂浆层。像前面一样把石块放进第二层砂浆层中。尽量混杂使用不同大小的石块，以避免造成那种"砌长城"一样的效果。

（五）溪道装饰

为使溪流自然有趣，可将较小的鹅卵石铺垫在溪床上，使水面产生轻柔的涟漪。同时在小溪边或溪水中分散栽植沼生、耐阴的地被，为溪流增加野趣。

第四节　落水工程

垂落是水体由上向下坠落的一种自然水态。人工垂落水态最常见的是瀑布与跌水，在大自然风景区中尤多。相对于水平状的湖池、溪流，瀑布、跌水主要是欣赏水体垂直跌落的形态。在自然界中，瀑布、跌水景观总是令人向往，诸多文人墨客为之赋诗题词，赞颂其壮观雄伟。在城市景观中，人工瀑布和跌水不仅能湿润周围空气、清除尘埃，并产生大量对人体有益的负氧离子，而且还能减弱如交通噪声等消极的声音，因此应用极为广泛。

一、瀑布

天然瀑布是由于河床陡坎造成的，水从陡坎跌落形成千姿百态的落水景观。人工瀑布则是以天然瀑布为蓝本，通过工程手段营造的水体景观。

（一）瀑布的形式

瀑布落水的形式多种多样，人工瀑布可根据环境设计的意境来选择不同的瀑布形式。常用的形式有丝带式、幕布式、阶梯式、滑落式等。人工瀑布还可以模仿自然景观，采用天然石材或仿石材设置瀑布的背景和引导水的流向（如景石、分流石、破滚石、承瀑石等）。

（二）瀑布的构成及做法

瀑布一般由上游水源、落水口（堰口）、瀑身、承水潭几部分构成。其中，上游水源可以缩小为一个水槽，瀑布落水口的形状及光滑程度影响到瀑布水态，也有多种处理方式。

1. 蓄水槽

不论引用天然水源还是自来水，为保证上游水流均匀稳定，均应于瀑布上端设立一定深度的水槽储水，水槽宽度一般不小于 500 mm，深度控制在 350~600 mm 为宜。水槽中设给水多孔管（花管）供水，其水流流速为 0.9~1.2 m/s。

2. 落水口（堰口）

水槽中水经由落水口落下，为保证瀑布效果，堰口要求水平光滑，无论是采用天然石料还是人工石料，皆应磨平打光。当水膜要求很薄时（6 mm），宜采用青铜或不锈钢制作堰唇。

3. 瀑身

瀑身最好选用天然石料装饰，宜用灰色、黄褐色、黑色系列，不宜用白色，如白色花岗岩。利用料石或花砖铺砌墙体时，必须密封勾缝，避免墙体"起霜"，影响美观。常采用 FRP（玻璃纤维强化塑胶）岩皮来覆盖瀑身，以模仿天然瀑布效果。

4. 承水潭

天然瀑布上跌落下的水，在地面上形成一个深深的水坑，这就是瀑潭。在这里，瀑布下落形成的水汽和水珠与空气分子撞击形成大量负氧离子，让人感觉清新自然。人工瀑布也须在落水口下面设置承水潭。承水潭的大小应能正好承接瀑布落下来的水。因此，其横向宽度应略大于瀑布的宽度，纵向上为防止水花四溅，其长度应等于或大于瀑身高度的 2/3，且不宜小于 1 m。如果承水潭内装水下灯，水深不宜小于 300 mm。水深须超过 400 mm 时，必须设防护措施，以防止小孩跌入水中发生危险。承水潭根据设计要求应进行必要的点缀，如种植水草，铺净砂、散石等。潭底的结构须根据瀑布落水高度即瀑身高度来决定。

5. 做法

瀑布的常见做法分人工型与仿天然型。

（三）瀑布供水方式

瀑布的设计必须保证能够获得足够的水源供给。如果园址内有天然水源，可直接利用水的位差供水，如有天然水源的森林公园等。对于绝大多数人工瀑布则采用水泵循环供水方式。

比如，在大型假山瀑布中常采用离心泵，假山内设置泵房。绝大多数小型瀑布则在承水潭内设置潜水泵循环供水。瀑布用水要求较高的水质，一般都应配置过滤设备来净化水体。

（四）瀑布的水力计算

1. 瀑布规模

瀑布规模主要取决于瀑布的落差（跌落高度）、瀑布宽度及瀑身形状。如按落差高低区分，瀑布可分为 3 类：小型瀑布，落差小于 2 m；中型瀑布，落差 2~3 m；大型瀑布，落差大于等于 3 m。

瀑布因其水量不同，会产生不同视觉、听觉效果。因此，落水口的水流量和落水高差的控制成为设计的关键参数。以 3 m 高的瀑布为例：当落水口（堰口）水厚 3~5 mm 时为沿墙滑落，当水厚为 10 mm 时为一般瀑布，当水厚为 20 mm 时才能构成气势宏大的瀑布。同时，一般瀑布落差越大，所需水量越多；反之，需水量越小。

2. 水力计算

（1）瀑布跌落时间的计算公式为

$$t = \sqrt{\frac{2h}{g}} \tag{4-4}$$

式中：t ——瀑布跌落时间，s；

h ——瀑布跌落高度，m；

g ——重力加速度，9.8 m/s^2。

（2）瀑布体积计算

每米宽度瀑布所需水体积的计算公式为

$$V = abh \tag{4-5}$$

式中：V ——瀑布每米宽度所需水体积，m^3/m；

a ——系数，考虑瀑布在跌落过程中与空气摩擦造成的水量损失，可取 1.05 ~1.1，大型瀑布取上限，小型瀑布取下限；

b ——瀑身的厚度，m；

h ——瀑布的跌落高度，m。

（3）瀑布流量计算

为了使瀑布完整、美观与稳定，瀑布的流量必须满足在跌落时间为 t（s）的条件下，达到瀑身水体体积为 V（m^3），故每米宽度的瀑布，设计流量 Q 为

$$Q = \frac{V}{t} \tag{4-6}$$

式中：Q ——瀑布每米宽度的流量，m^3/（s·m）；

V ——瀑布体积，m^3；

t ——瀑布的跌落时间，s。

二、跌水

跌水是指呈台阶状突然下落的水态，也可看成是呈阶梯式的多级跌落瀑布。在水景设计中，跌水是善用地形、美化地形的一种最理想的水态，在城市广场、公园、住宅小区经常利用跌水处理高差地形，构成主体景观。

（一）跌水的形式及做法

跌水的外形就像一道阶梯，其台阶有高有低、层次有多有少，构筑物的形式也较自由，故产生了形式不同、水量不同、水声各异的丰富多彩的跌水。其中最常见的形式有两种：一种是每一层分别设水槽，水经堰口溢出，其跌水形式较柔和；另一种每层不设水槽，水从台阶顶部层叠翻滚而下，溅起浪花，其形式较活泼，更能激发游人的亲水活动。跌水的构筑方法与瀑布基本一样，只是跌水所使用的材料更加灵活多样，如砖块、混凝土、天然石板等。

（二）跌水水景设计

人工跌水与瀑布一样，其流动性一般用循环水泵来维持，水量过大则能耗大，长期运转费用高；水量过小则达不到预期的设计效果。因此，根据水景的规模确定适当的水流量十分重要。

跌水水景的水力学特征及计算。

跌水水景实际上是水力学中的堰流和跌水在实际生活中的应用，跌水水景设计中常用的堰流形式为溢流堰。

在跌水水景设计中，常用堰流形态为宽顶堰流。

当跌水水景的结构尺寸确定以后，首先要确定跌水流量 Q。当水流从堰顶以一定的初速度 v_0 落下时，它会产生一个长度为 l_d 的水舌。若 l_d 大于跌水台阶宽度 l_t，则水流会跃过跌水台阶；若 l_d 太小，则有可能出现水舌贴着跌水墙落下从而形成壁流的现象。这两种情况的出现主要与跌水流量 Q 的大小有关，设计时应尽量选择一个恰当的流量以避免上述现象的发生。

1. 跌水流量计算

根据水力学计算公式，跌水的流量计算公式可简化为

$$Q = m \cdot b \cdot H^{\frac{3}{2}} \tag{4-7}$$

式中：Q——流量，L/s；

m——流量系数，采用直角宽顶堰时，取 1420；

b——堰口净宽，m；

H——堰前水头，$H = H_0 + v_0^2/2g$，m；

H_0——堰前静水头，即堰口前水深，m；

v_0——堰前流速，m/s。

由于 v_0 很小，可忽略不计，近似取 $H = H_0$。其中，堰前水头一般先凭经验选定、试算，通常 H 的初试值可选为 0.02~0.05 m。H 初值选定后，根据上述计算式算出跌水流量 Q，由于 Q 值为试算结果，还须根据跌水水舌的长度对 Q 的大小做进一步的校核和调整。

2. 校核水舌长度

根据水力学的计算公式，溢流堰的跌落水舌长度为

$$l_d = 4.30D^{0.27}p$$
$$D = q^2/(g \cdot p^3) \tag{4-8}$$

式中：q——堰口单宽流量，$q = Q/b$，$m^3/(s \cdot m)$；

p——跌水墙高度，m；

g——重力加速度，9.81 m/s²。

上式中各参数已知，可计算出跌水水舌长度 l_d。为了防止水舌跃过跌水台阶或贴着跌水墙，同时考虑到水舌落到跌水台阶（宽度为 l_t）上引起溅射，一般 l_d 应在 0.1 ~ 2/3 l_t（m）之间，如计算的 l_d 不在此范围内，则应调整堰口前水深，重新试算流量 Q，并按上述步骤校核 l_d 直至满足要求。

一般情况下，跌水流量越小则 l_d 越小，消耗的动力越小，对降低水景的长期运转费用越有利。有时，当计算出的 l_d 较小，又不想增大 Q 时，可以在溢流堰的出口增加一段檐口，以改善堰流的出流条件，防止水流贴壁。

第五节　喷泉工程

喷泉也称喷水，像流水、落水一样，喷泉也是一种自然现象，是承压水的地面露头。它在压力的作用下，向上喷涌形成壮美的景观。人工喷泉则是人们为了造景需要在公园、街道、广场以及公共建筑等处建造的、具有装饰性的喷水装置。它对城市环境具有多种价值，不仅能湿润周围空气、清除尘埃，而且能通过水珠与空气的撞击产生大量对人体有益的负氧离子，增进人的身体健康。婀娜多姿的喷泉造型，随着音乐欢快跳动的水花，配上色彩纷呈的灯光，既能美化环境、提高城市文化艺术面貌，又能使人精神振奋，给人以美的享受。近年来，随着电子工业的发展，新技术、新材料的广泛应用，喷泉设计更是丰富多彩，新型喷泉层出不穷，成为城市主要景观之一。

一、喷泉的类型与设计要求

（一）喷泉的分类

喷泉根据其外形可分为水泉和旱泉，其类型可进行以下划分。

①模仿花束、水盘、莲蓬、气瀑、云雾、牵牛花等的"自然仿生基本型"。

②瀑布、水幕、连续跌落水跃式等的"人工水能造景型"。

③具有雕塑、纪念小品的"雕塑装饰型"。

④与音乐一起协调同步喷水的"音乐喷泉型"。

（二）喷泉的场地及环境设计

1. 场地及水池形状的选择

建造场地和水池形状的选择通常应依据两个原则。一是整体原则。喷泉处于特定的地理、人文环境中，是环境的一个组成部分，喷泉选址和几何尺度的确定必须服从环境的整体要求。二是实用原则。在总体规划下，喷泉的主题、形状、大小，以及投资规模的确定应符合实际需要。

2. 主题、形式、喷水景观的设计

①主题式喷泉，要求环境能提供足够的喷水空间与联想空间。

②装饰性喷泉，要求以浓绿的常青树群为背景，使之形成一个静谧、悠闲的园林空间。

③与雕塑组合的喷泉，需要开敞的草坪与精巧、简洁的铺装作为衬托。

④庭院、室内空间和屋顶花园的喷泉小景，宜衬以山石、花草灌木。

⑤节日用的临时性喷泉，最好用艳丽的花卉或醒目的装饰物作为背景。

3. 欣赏视距与喷水高度关系

①大型喷泉的欣赏视距为中央喷水高度的 3 倍。

②中型喷泉的欣赏视距为中央喷水高度的 2 倍。

③小型喷泉的欣赏视距为中央喷水高度的 1~1.5 倍。

二、喷泉的水源及供水形式

喷泉的水源须用无色无味、不含杂质、较为纯净的水，以防堵塞喷头。大多数采用城市自来水，有条件的地方也可利用天然水源，如河水、湖水等。目前，最为常用的供水方式为循环供水和非循环供水两种。循环供水又分离心泵和潜水泵循环供水两种方式。非循环供水主要是自来水供水。

（一）自来水供水

对于小型喷泉，可直接引用城市自来水。自来水供水管直接接入喷水池内与喷头相接，利用自来水水压给水喷射后即经溢流管排走。其优点是供水系统简单，占地少，造价低，管理简单；其缺点是给水不能重复使用，耗水量大，运行费用高，不符合节约用水的要求，同时由于供水管网水压不稳定，水形难以保证。

（二）循环供水

1. 循环供水系统原理

循环供水系统的工作原理是水源通过水泵提水被送到供水管，然后进入配水槽（主要使各喷头有同等压力），再经过控制阀门，最后经喷嘴喷出。当水回落至水池，经过

滤、净化后回流到水泵循环供水。如果喷水池水位超过设计水位，水就经溢流口流出，进入排水井排走。当水池水质太差时可通过格栅沉泥井进入泄水管排出。

2. 离心泵循环供水

离心泵循环供水能保证喷水稳定的高度和射程，适合各种规模和形式的水景工程。该供水方式特点是要另设计泵房和循环管道，水泵将池水吸入后经加压送入供水管道至水池中，使水得以循环利用。其优点是耗水量小，运行费用低，符合节约用水原则，在泵房内即可调控水形变化，操作方便，水压稳定。缺点是系统复杂，占地大，造价高，管理复杂。

3. 潜水泵循环供水

潜水泵供水与离心泵供水一样都适合于各种类型的水景工程，只是安装的位置不同。潜水泵直接安装在水池内与供水管道相连，水经喷头喷射后落入池内，直接吸入泵内循环使用。其优点是布置灵活，系统简单，无须另建泵房，占地小，管理容易，耗水量小，运行费用低。缺点是其调控不如离心泵专设泵房那样方便。

三、常用喷头类型与水造型

喷头是喷泉的重要组成部分。当水受动力驱压后流经喷头，通过喷嘴造型喷出理想的水流形态。因此，喷头的形式、结构、材料、制造工艺以及出水口的粗糙度等，都会对喷水景观产生很大的影响。喷头工作时，高速水流会对喷嘴壁产生很大的冲击和摩擦。因此，喷头的材料多选用耐磨性好，不易腐蚀，又具有一定强度的铜或不锈钢等材料制造。

喷泉喷头一般有3种基本类型：直流式、水膜式和雾化式。不同类型喷头的排列与组合，可以构成千姿百态的喷泉形式。其类型的选择要综合考虑喷泉造型的要求、组合形式、控制方式、环境条件和经济现状等因素。

园林水景中使用的喷头类型很多，常用的有以下几种。

（一）直射喷头

直射喷头也称直流喷头，它能喷射出单一的水线，是目前应用最广的一种喷头。其构造简单，一般垂直射程在15 m以下，喷水线条清晰，可单独使用，也可组合造型。直射喷头可分为定向型、可调定向型和万向型，当承托底部装有球形接头时，可做一定角度方向的调整。

（二）多孔喷头

多孔喷头是应用较广的一种喷头，由多个直流喷嘴组成，该喷头喷水层次丰富，水姿变化多样，视感好。如三层花喷头，由中心直上和两圈不同层次的直流喷嘴组成，喷水形成中心水柱和两层向外喷射的抛物线状水花。

（三）掺气喷头

掺气喷头是利用压力水喷出时，在喷嘴附近形成负压区，其水压差将空气和水吸入，接着与喷嘴内喷水混合后一起喷出。该喷头形成水汽混合的白色膨大水体，涌出水面，粗犷挺拔，照明效果明显。掺气喷头主要类型有玉柱喷头、冰塔（雪松）喷头和涌泉（鼓泡）喷头。

（四）水膜喷头

水膜喷头喷射出薄膜状水花，其种类很多，大多数是在出水口的前面有一个可以调节的形状各异的反射器，当水流经反射器时，反射器迫使水流按预定角度喷出一定造型的水膜，如半球形、牵牛花形。另一种喷头的喷嘴为扁平状，喷水时水流自扁平喷嘴的缝隙中喷出，形成扇形水膜。

（五）球状喷头

球状喷头是在圆球形或半球形的不锈钢壳体上，装有数十个放射形的短管，又在每个短管的顶部装一个半球喷头。当喷头喷水时，能形成闪闪发光的球形体，球体停喷时造型似蒲公英。该喷头灯光效果好，对水质要求高，必须安装过滤器。

（六）旋转喷头

旋转喷头是利用压力将水送至喷头后，借助驱动孔的喷水，靠水的反推力带动回转器转动，使喷头不断转动而形成欢乐愉快的水姿，并形成各种扭曲的线形，飘逸荡漾、婀娜多姿。常见的有旋转花喷头、风水车喷头。

（七）喷雾喷头

喷雾喷头一般在套筒内装有螺旋状导流板，水沿着导流板螺旋运动，当高压水由出水口喷出后，能形成细细的雾状水珠，创造出朦胧的雾景效果。

（八）跳跳泉喷头

跳跳泉喷头能根据选择的间距和长度，由电子设备或微处理器控制，喷射出玻璃棒般的实心水柱或断续的水流。该喷头内可带灯，喷出五颜六色的光柱，具有极强的趣味性。

（九）复合造型喷头

复合造型喷头也称组合喷头，是由两种以上喷水各异的喷嘴，按造型需要组合成一个大喷头。这种喷头种类很多，能形成较为复杂、富于变化的花形。如玉蕊喇叭花喷头，在喇叭形水膜中心有一水柱垂直喷出形成花蕊。

以上各种喷头经过艺术组合、有机搭配，能完成多种多样的组合变化，形成气势磅礴的喷水景观。在喷头种类的选择上要注意其与水形的搭配，要有主次之分，做到相辅相成。同时，一组喷泉景观中，其喷头种类不宜过多，一般不超过两种。

四、喷泉的组成及设计要点

喷泉最常见的设置形式可分为池喷和旱喷两种，其组成及做法也有不同之处，下面分别对其进行介绍。

（一）池喷

池喷是使用最多的一种喷泉形式。它是以水池为依托，喷水可采用单喷或群喷，并可以与灯光和音乐结合起来，形成光控、音控喷泉。

1. 喷水池

喷水池是池喷的重要组成部分，除维持正常的水位以保证喷水外，其本身也能独立成景，可以说是集审美功能与实用功能于一体的人工水景。

喷水池的形状可根据周围环境灵活设计。水池大小则要结合喷水高度来考虑，喷水越高，则水池越大，一般水池半径为最大喷高的1~1.3倍，以保证设计风速下水滴不致大量被吹至池外，并防止水的飞溅，保证行人通行、观赏等无碍。实践中，如用潜水泵供水，当水泵停止时，水位急剧升高，须考虑水池容积的预留。因此，按经验吸水池的有效容积不得小于最大一台水泵 3 min 的出水量。水池水深则应根据潜水泵、喷头、水下灯具的安装要求确定，综合考虑水池设计池深 500~1000 mm 为宜。

喷水池由基础、防水层、池底、压顶等部分组成，其做法见本章水池工程部分。

2. 进水口

进水口可以设置在水池的液面下部，且设置应尽量隐蔽，其造型须与喷水池造型相协调。

3. 泄水口

为便于清扫、检修和防止停用时水质腐败或结冰，喷水池须设泄水口。泄水口设在水池最低位置处，泄水口处可设沉泥井，并设格栅或格网防止杂物堵塞。

4. 溢水口

为保证喷水池水面具有一定的高度，可设置溢水口，水位超过溢水口标高后水就会流走，如水池面积过大，可设置多个。溢水口的常见形式有侧控式、平控式及堰口式。

5. 泵房（泵坑）

泵房是指安装水泵等提水设备的常用构筑物。在喷泉工程中，凡采用清水离心泵循环供水的都要单独设置泵房，而采用潜水泵的则不需要设置泵房，一般在池底设置泵坑。

（1）离心泵泵房

泵房的形式按照泵房与地面的关系可分为地上式、地下式、半地下式3种。其中地下式泵房因不影响喷泉环境景观，园林中使用较多。一般采用砖混结构或钢筋混凝土结构，特点是需做好防水处理，地面应有不小于0.5%的坡度排水，坡向集水坑，且集水坑宜设水位信号计和自动排水泵。

为解决地上式及半地下式水泵泵房造型与环境不协调问题，常采取以下措施。

a. 将泵房设在附近建筑物的管理用房或地下室内。

b. 将泵房或其进出口装饰成花坛、雕塑或壁画的基座、观赏或演出平台等。

c. 将泵房设计成造景构筑物，如设计成亭台水榭、装饰成跌水陡坎、隐蔽在山崖瀑布的下方等。

（2）潜水泵泵坑

潜水泵安装较简便，可直接置于池底，也可在池底设置泵坑，兼做泄水坑。泄水时水泵的吸水口兼做泄水口，利用水泵泄水。

6. 补水池（箱）

因喷水池水量会有损失，为向水池补水和维持水量的平衡，需要设置补水池（箱）。在池（箱）内设水位控制器（杠杆式浮球阀、液压式水位控制器等），保持水位稳定。并在水池与补水池（箱）之间用管道连通，使两者水位维持相同。

（二）旱喷

所谓"旱喷"是用藏于地下的承接集水池（沟）代替地面承接水池，配水管网、水泵、喷头及彩灯都安装在地下集水池（沟）内，集水池（沟）顶铺栅形盖板，且盖板与周围地坪平齐。喷泉运行时，喷泉水柱从地面上冒出，散落在地上，并迅速流回地下集水池（沟）由水泵循环供水。旱喷常结合广场进行设计，相对于池喷，它融娱乐、观赏于一体，具有较高的趣味性和可参与性。同时，停喷后不阻碍交通，可照常行人，也较节水，非常适合于宾馆、商场、街景小区等。

旱喷的效果好坏取决于喷泉造型的设计与选择，同时施工中要处理好水的收集及循环系统。其设计要点有以下 4 点。

①喷射孔距离与喷出水柱高度有关。一般喷高 2 m，间距在 1~2 m；喷出水柱高度 4 m 左右，横向可在 2~4 m，纵向在 1~2 m。

②旱喷下部可以是集水池，也可以是集水沟，在沟、池中设集水坑，坑上应有铁箅，上敷不锈钢丝网，防止杂物进入水管，回收水进入集水砂滤装置后，方可再由水泵压出。其中喷头上端箅子有外露与隐蔽两种。外露箅可采用不锈钢、铜等材料，直径 400~500 mm，正中为直径 50~100 mm 的喷射孔，使用时往往与效果射灯一起安装。隐蔽箅采用铸铁箅，箅上宜放不锈钢丝网，上面再铺卵石层，也可在箅上虚放花岗岩板。

③旱喷地下集水池（沟）的平面形状，取决于所在地的环境、喷泉水形及规模，主要形状有长条形、圆环形、梅花形、S 形及组合形等。集水池（沟）的断面形状为矩形，有效水深不小于 90 cm，集水池（沟）的有效容积取决于距水泵最远的喷头喷射、回落及地面流入集水池（沟）所需时间，即集水池（沟）的有效容积必须满足在这段时间内最大循环流量的水量。

④所有喷水散落地面后，经 1% 坡面流向集水口。水口可采用活动盖板，留 10~20 mm 宽缝回流。池顶或沟顶应采用预制钢筋混凝土板，以备大修、翻新。

五、喷泉水力计算

喷泉设计中为了达到预定的水型，必须进行水力计算。主要是计算喷泉的总流量、管径和扬程，为喷泉的管道布置和水泵的选择提供参数。

（一）求单个喷头的流量

$$q = uf\sqrt{2gH} \times 10^{-3} \qquad (4-9)$$

式中：q——单个喷头流量，L/s；

　　　u——流量系数，一般在 0.62~0.94；

　　　f——喷嘴断面面积，mm^2；

　　　g——重力加速度，m/s^2；

　　　H——喷头入口水压，米水柱。

（二）总流量

喷泉总流量 Q 是指在某一段时间内同时工作的各个喷头流量之和的最大值。其中，单个喷头的流量可按上式求出，也可直接从所选喷头提供的参数中获取。

$$Q = q_1 + q_2 + \cdots + q_n \qquad (4-10)$$

（三）管径计算

$$D = \sqrt{\frac{4Q}{\pi v}} \qquad (4-11)$$

式中：D——管径，mm；

      Q——管段流量，L/s；

      π——圆周率，取 3.1416；

      v——流速，m/s。

注：在喷泉的管网计算中，根据喷泉管网的特点以及为了获得等高的射流，按经验一般经济流速值 $v \leqslant 1.5$ m/s。

（四）扬程计算

$$H = h_1 + h_2 + h_3 \qquad (4-12)$$

式中：H——总扬程，m；

      h_1——设备扬程（即喷头工作压力，也即垂直直射喷头设计最大喷高），m；

      h_2——损失扬程（水头损失），m；

      h_3——地形扬程（水泵最高供水点至抽水水位的高差），m。

其中，损失扬程是计算的关键。损失扬程分为沿程水头损失和局部水头损失，其简化公式为

$$h_2 = 1.2 \times L \times i + 3 \qquad (4-13)$$

式中：$L \times i$——管道沿程水头损失，m；

      L——计算管段的长度，m；

      i——管道单位长度的水头损失（可根据管道内水流量和流速查水力计算表），mm/m；

      1.2——按经验，管道局部水头损失占沿程水头损失的 20%；

      3——水泵管道阻力扬程。

在实际工作中，由于损失扬程计算仍较复杂，一般可粗略取 $h_1 + h_3$ 之和的 10%~30% 作为损失扬程。

（五）水泵泵型的选择

水泵是喷泉工程给水系统重要的组成部分。其中泵的种类和型号较多，在喷泉工程系统中主要使用的是潜水泵，卧式或立式离心泵在一定场地环境下也有使用。同时，小

型喷泉也可用管道泵、微型泵等。

1. 潜水泵性能

潜水泵相对于离心泵具有体积小、质量轻、移动方便、安装简易、无须建造泵房等优点，其泵体与电动机在工作时均要浸入水中。

2. 泵型选择

水泵的选择要做到"双满足"，即流量满足、扬程满足。其中泵扬程选择高与低对泵工作影响很大，扬程选择低了，泵流量小或不出水；扬程选择高了，泵工作时上窜，造成机械摩擦增大，进而损坏潜水泵。因此，要合理确定流量和扬程两个指标。

①流量确定：按喷泉同时工作时各喷头流量之和来确定。

②扬程确定：按喷泉水力计算总扬程确定。在计算中，应选用整个系统中最不利点（要求工作压力最大，离水泵距离为最远点）作为计算基础。

③水泵选择：根据总流量和总扬程查水泵性能表，所选型号的扬程和流量应稍大于计算值，适当留有余地。如喷泉要用两个以上水泵供水时，应用总流量除水泵数求出每台水泵流量，扬程不变，再根据该流量和扬程选择泵型。

六、喷泉常用管材及管网布置

（一）喷泉常用管材

喷泉管道的材料主要有镀锌钢管、无缝钢管、不锈钢管、铸铁管及 PVC 塑料管等。

①镀锌钢管与无缝钢管最常用。

②不锈钢管：喷泉质量要求高时，采用不锈钢管。

③铸铁管：耐腐蚀、价格较便宜，管径大于 250 mm 的输水干管可采用铸铁管。

④PVC 塑料管：PVC 塑料管强度高、质轻、运输方便，管道的弯曲、焊接加工方便，管件齐全，耐腐蚀性能良好，且价格较便宜。主要缺点是质脆、经受冲击的性能差、容易破损。

（二）喷泉管网的基本形式

管网的基本形式可分为两大类。

1. 按管网的形状分类

①树枝式管网，即管网布置呈树枝状，该管网水泵至每个或每组喷头的距离应基本相同，以保证各喷头的喷射高度与水形相同且同步。

②配水器（稳压罐）配水管网。配水器用钢板焊接而成，可用球形或圆柱形，具有一定的容积，能储存足够的水量，以便向各喷头或水景提供稳定的水量。具有简化管网、减短管道长度、减少水头损失、噪声低等优点。

③环状管网，管网呈圆环形或正多边形，圆环的直径大小取决于水池尺寸及水景水形、喷头个数。根据环的数量可分为单环和多环环状管网两种且工作压力相等的喷头或水景水形，应采用同一个圆环。

④组合管网，即将树枝式管网、配水器（稳压罐）配水管网及环状管网组合成混合式管网。

2. 按供水方式分类

①集中供水管网，即整个管网，只有 1 个集中供水点。

②多点供水管网：即整个管网，有多个供水点供水，以便维持管网内压力恒定。

（三）喷泉管网的布置要点

喷泉的管网主要由输水管、配水管、补给水管、溢水管和泄水管等组成。其管道布置要点有以下 7 点。

①在小型喷泉中，管道可直接埋在池底下的土中。在大型喷泉中，如管道多而复杂时，应将主要管道铺设在能通行人的渠道中，在喷泉底座下设检查井。只有那些非主要管道才可直接铺设在结构物中或置于水池内。管网布置应排列有序、整齐美观。

②为了使喷水获得等高的射流，环形配水管网多采用十字供水。

③喷水池内由于水的蒸发及喷射过程中一部分水会被风吹走等原因，造成池内水量的损失，因此，在水池中应设补给水管。补给水管和城市给水管连接，并在管上设浮球阀或液位继电器，随时补充池内的水量损失，以保持池内水位的稳定。

④水池的溢水管直通城市雨水井，其管径大小应为喷泉总进水口面积的一倍，也可根据暴雨强度计算，且管道应有不小于 0.3% 的顺坡。

⑤水池的泄水管一般采用重力泄水，大型喷泉应设泄水阀门，小型水池只设泄水塞等简易装置。泄水管管径 100 mm 或 150 mm，可直通城市雨水井。

⑥连接喷头的水管不能有急剧的变化，如有变化必须使水管管径逐渐由大变小，并且喷头前必须有一段直管，其长度不应小于喷头直径的 20 倍，以保证射流的稳定。

⑦对每一个或每一组具有相同高度射流的管道，应有自己的调节设备。一般用阀门或整流圈来调节流量和水压。

七、喷泉照明

夜晚，通过灯光的渲染，喷泉水景被赋予绚丽的色彩，更具魅力，因此，喷泉照明也是喷泉设计的重要内容。根据灯具的安装位置，可分为水上环境照明和水下照明两种方式。

（一）水上环境照明

水上环境照明所用灯具主要有 PAR 灯、光纤灯、激光灯、变色探照灯等。灯具多安装于附近的建筑设备上，其照射对象是喷泉水景及水池水面，与水下彩灯配合，强化水景的整体渲染效果。

（二）水下照明

1. 水下灯具的种类

①按灯壳材料不同分为塑料灯、铝合金灯、黄铜灯和不锈钢灯 4 种。

②按光源和发光原理不同分为白炽灯、金属卤化物灯、汞灯及 LED 灯 4 类。其中，LED 灯具有光效高、光色好、节能、使用寿命长等优点，目前已被广泛应用于水下彩灯渲染，并有逐步取代其他光源的趋势。

2. 水下彩灯的安装与布置

①灯具的安装：喷泉水下照明，灯具置于水中，多隐蔽，其最佳入水深度（水面与灯具防水玻璃之间的距离）为 50~100 mm，过深会影响亮度，过浅会受到落水的冲击，影响使用寿命。

②灯具的分布：水下彩灯是围绕着照射对象而设置的，主要为了可以欣赏水面波纹，并能随水花的散落映出闪烁的光，其照射的方向、位置与喷水姿态有关。

水下彩灯布置时，要注意游客的视觉效果。黄、绿、蓝色的透射系数较高，宜布置在游客主导视线的喷头的背面，红色的透射系数较低，为避免色彩被水雾蔽隔而影响照度，宜布置在较接近于游客的部位。

配光时，还应注意防止多种色彩相重叠，因重叠后会合成白光造成局部的色彩损失。

八、喷泉的控制方式

喷泉系统控制方式常采用手动控制、程序控制、音响控制 3 种。

（一）手动控制

手动控制是最常见和最简单的控制方式，仅用开关水泵来控制喷泉的运行。其特点是各管段的水压、流量和喷水姿态比较固定，缺乏变化，但成本低廉，适用于简单的小

风景园林工程施工技术探究

型喷泉。

（二）程序控制

程序控制通常是利用时间继电器按照编好的时间程序控制水泵、电磁阀、彩色灯等的启闭，从而实现可以自动变换的喷水水姿。相比手动控制，程序控制有丰富的水形变化。

为了避免因某些机械设备与电器元件的运作与计算机指令之间存在的滞后时间对喷泉水形造成不协调甚至断档的现象，周期短的水形的水泵，可采取连续运转不停泵的办法；周期较长的水形的水泵，可短期停泵，以节省电耗。

（三）音响控制

喷泉的音响控制是使喷泉水形、彩灯与音乐的旋律同步变化。将音乐与水形变化完美结合，同时给人们以视觉和听觉的享受。其原理是将声音信号转变为电信号，经放大及其他一些处理，推动继电器或电子式开关，再去控制设在管道上的电磁阀的启闭，从而达到控制喷水的目的。

第五章　假山工程

第一节　假山与置石设计

假山，意即景园中以造景为目的，用土、石等材料构筑的山。假山是相对于真山而言的，也就是假中见真。假山工程也叫筑山工程。筑山是利用不同的软、硬质材料，结合艺术空间造型所堆成的土山或石山，它是自然界中山水再现于景园之中的典型，是一种空间造型艺术工程。在我国古代造园艺术史中早有"无园不山、无园不石"的主导思想。

筑山，也叫"叠山""掇山"，起源于园林中的"台"，"台"是高山的象征，是园林的最初形式"囿"中的主要建筑物。

一、假山的概念、作用和类型

（一）假山和置石的概念

人们通常说的园林山石实际上包括假山和置石两个部分。假山是以造景游览为主要目的，以土、石等为材料，以自然山水为蓝本并加以艺术的提炼和夸张，用人工再造的山水景物的通称。置石是以山石为材料做独立性或附属性的造景布置，主要表现山石的个体美或局部的组合，而不是具备完整的山形。近代出现了灰塑假山的工艺，后来又逐渐发展成为用水泥塑的置石和假山，成为假山工程的一种专门工艺。

（二）假山的功能与作用

1. 作为自然山水园的主景和地形骨架

总体布局都是以山为主、以水为辅，而建筑并不一定占主要的地位。

2. 作为园林划分空间和组织空间的手段

用假山组织空间可以结合障景、对景、背景、框景、夹景等手法灵活运用。

3. 作为点缀园林空间和陪衬建筑、植物的手段

留园东部庭院的空间基本上是用山石和植物装点的，或以山石作为花台，或以石峰凌空，或借粉墙前散置，或以竹、石结合作为廊间转折的小空间和窗外的对景。

4. 作为驳岸、挡土墙、护坡和花台等

除了用作造景以外，山石还有一些实用方面的功能，如群置山石、散点山石等都有减少冲刷的效用。

5. 作为室内外自然式的家具或器设

山石可布置成石屏风、石榻、石桌、石几、石凳、石栏、室内外楼梯（称为云梯）、园桥、汀石和镶嵌门、窗、墙等，既不怕日晒夜露，又可结合造景。

（三）假山的类型

1. 按材料分

（1）土山

以土为山体，山石点缀其中，山体的高度与占地基本成正比，多用于筑"大山"。

（2）石山

以石为筑山主要材料，石山带土，山体的高度与占地基本成反比，多用于筑"小山"，如壁山、园山、厅山、楼山、池山等。

（3）石混合山

以土与石共同作为山体的材料，分为土包石、石包土，兼具土山之"韵"和石山之"险"。

2. 按功能用途分

（1）缩景山

以观赏为主要功能的假山，规模较小。

（2）游览山

人能进入的假山，分为眺望山和近游山。

（3）亭阁山

以亭阁为主，在其周边堆叠的假山。

（4）障景山

起屏障作用的山。

（5）背景山

作为某一景园建筑或植被背景的假山。

（6）峭壁山

陡峭而用于狭窄过道的假山。

（7）石壁山

分隔空间，起围合作用的假山。

（8）喷水山

与大水池结合，配有喷泉的假山。

（9）岩石园

为展览岩石与岩生植物而专门堆叠的假山。

（10）矿石山

为展览矿石而用多种矿石堆叠的假山。

3. 按观赏特征分

（1）仿真型

模仿真实的自然山形，塑造出峰、岩、岭、谷、洞、壑等各种形象，达到以假乱真的目的。

（2）写意型

以夸张处理的手法对山体的动式、山形的变异和山景的寓意等所塑造出的山形。

（3）透漏型

由许多透眼嵌空的奇形怪石堆砌成可游可攀的假山，山体中洞穴孔眼密布，透漏特征明显。

（4）实用型

结合实际需要做成似山非山的一种叠石工程，如山石门、山石屏风、山石楼梯等。

4. 按环境取景造山分

（1）以楼面做山

以楼房建筑为主，用假山叠石作为陪衬，强化周围的环境气氛。这种类型的假山在园林建筑中被普遍采用。

（2）依坡岩叠山

这种类型多于山亭建筑相结合，利用土坡山丘的边岩掇石成山。

（3）水中叠岛成山

在水中用山石堆叠成岛山，再于山上配以建筑。

（4）点缀型小假山

在庭院中、水池边、房屋旁，用几块山石堆叠成小假山，作为环境布局的点缀。这种小假山高不过屋檐，规模不大，小巧玲珑。

二、假山材料

假山所用的材料主要有山石材料和胶结材料两类。

（一）山石材料

1. 湖石

湖石多数为石灰岩、砂岩类，颜色以青、黑、白、灰为主。湖石在水中和土中皆有所产，尤其是水中所产者，经浪雕水刻，形成玲珑剔透、瘦骨突兀、纤巧秀润的风姿，常被用作特置石峰以体现其"秀、奇、险、怪"之势，特点是瘦、皱、漏、透、丑。

2. 黄石与青石

黄石与青石多数为细砂岩、石英岩或沙砾岩等。黄石呈茶黄色，以其黄色而得名；青石呈青灰色，石内具有水平层理，使石形成片状，故有"青云片"之称。黄石与青石材质均较硬，石面轮廓分明，形态顽劣，见棱见角，节理面近乎垂直。

3. 英石

英石为石灰岩，呈青灰色、黑灰色等，常夹有白色方解石条纹，原产于广东省英德市一带，因此而得名。

4. 石笋石

石笋石为竹叶状灰岩，淡灰绿色或土红色，是水成岩沉积在地下沟中而成的各种单块石，因其石形修长呈条柱状、立地似笋而得名。石笋石，石质类似青石者称为"慧剑"；含有白色小砾石或小卵石者称为"白果笋"或"子母剑"；色黑如炭者称为"乌炭笋"。

5. 卵石

卵石多数为花岗石或沙砾岩。

6. 宣石

宣石产于安徽省宁国市，其色有如积雪覆于灰色土上，也由于为赤土积渍，因此又带些赤黄色，非刷净不见其质，所以愈旧愈白。由于它有积雪一样的外貌，扬州个园用它作为冬山的材料，效果显著。

7. 其他石类

其他石类还有斧劈石、千层石、钟乳石、木化石、黄蜡石、菊花石等。

（二）胶结材料

胶结材料是指将山石黏结起来掇石成山的一些常用黏结性材料，如水泥、石灰、砂和颜料等，市场供应比较普遍。黏结时拌和成砂浆，受潮部分使用水泥砂浆，水泥与砂的配比为 $1:1.5\sim1:2.5$；不受潮部分使用混合砂浆，水泥：石灰：砂 $=1:3:6$。水泥砂浆干燥比较快，不怕水；混合砂浆干燥较慢，怕水，但强度较水泥砂浆高，价格也较低廉。

三、假山选石

不是什么样的石块都可以用来堆叠假山的，在选石上要做到"知石之形"和"识石之态"。"知石之形"就是了解和掌握山石材料外在的形象及其所表现出的物理属性，如山石材料的品种、质地、纹理、色泽等自然属性的具体形状和变化规律；"识石之态"即通过山石外在的具体形态和色泽所表现出的内在美学效应，如灵秀、雄劲、古拙、飘逸等。

知其石性是叠石造山选石的基本功，如湖石有"瘦、皱、漏、透、奇、丑"之美称。"瘦"是指山石竖立起来能孤持、无倚，成独立状；"皱"是指山石表面纹理高低不平，脉络显著；"透"是指山石多洞眼，有的洞眼还相通；"漏"是指石上的洞眼能贯通上下；"奇"是指山石上大下小之外形；"丑"是指山石的外形变化大，奇形怪状，"丑"得可爱。湖石山以奇而求平，在叠石造山中应尽量保持其自然属性，才能表现出山的气势和精神。

黄石则古朴粗犷，外形多平整、少变化，形态多厚实、拙重，有雕塑感，易于表现壮美与雄浑之势，叠山时应以平中求变，按山石自然剥裂的纹理堆叠、返璞归真，似是截取大山之麓，有山势不尽的意趣。

假山用石，石形要有变化，但石的种类不能乱用，选石时注意其特征、色泽、脉络、纹理等。要注意哪些石可叠在一起，哪些石忌用，不可随意搭配，否则会不伦不类、违反自然规律。

四、假山设计

山水是园林中的主体，俗话说，"无石不园"，其关键是要有自然之理，才能得自然之趣。

堆叠假山是运用概括、提炼的手法，营造园林中苍郁的山林气氛，所造之山的尺寸虽远远小于真山，但力求体现自然山峦的形态和神韵，追求艺术上的真实，从而使园中具有本于自然而又高于自然的意趣。

设计假山时要结合具体环境规划布局，确定基本山形（池山、峭壁山、平山、高山等）、体量、走势、纹理。构图上要"疏而不散""展而不露""虚实穿插""相互掩映""大起大落"，切忌铁壁铜墙、寸草不生、呆板无神韵。山体应留有洞壑及种植穴，叠石纹理应有粗细、凹凸、明暗、光影与色的对比，纹理走向要有韵律。布石应有疏密，石块大小须搭配相宜，石以大块为主、小块为辅，块大则缝少，块小则缝多，忌用相同体积石头堆砌假山，同时必须有大小、高低、横竖交错之分。

（一）整体构思

筑山的重要原则是"师法自然"，所叠之山毕竟是人工为之的假山，要把假山叠得好，就必须处理好真假的关系，做到假而似真，真作假时假亦真。"做假成真"的手法可归纳为以下几点。

①山水结合，相映成趣。
②相地合宜，造山得体。
③巧于因借，混假于真。
④独立端严，次相辅弼。
⑤三远变化，移步换景。
⑥远观山势，近看石质。
⑦寓情于石，情景交融。

（二）空间构思

假山设计必须只能有一个主峰，再配峦谷以陪衬，两者之间要有顾盼。立面上要高低起伏，平面上要曲折多变，前后要有层次。假山空间构图常用下列 3 种方法。

1. 中央置景

将主景山按中轴线布置。

2. 侧旁布置

主山布置在中央，客山在侧旁。

3. 周边布置

在封闭或半封闭小空间的庭院中做周边布置，营造山脉连绵不断的意境。

（三）假山的平面设计

山石平面基本构图法，即三点构图，四点构图，五点构图。

（四）立面设计

立面构图采用均衡补偿法则，运用三角形重心分析法，造成稳定中的变化，以获得动势美感。立面构图要点有6点。

1. 体

空间体型的规律性与变化性。立面构图中的局部要协调在整体之中。

2. 面

围成体型空间的各个面。对面的处理要强调岩层节理的变化。

3. 线

假山的外形轮廓线。

4. 纹

假山的局部块体的纹线节理。

5. 影

光照后阴影明暗面与空间凹凸关系的概括。

6. 色

假山石材的色彩。

（五）假山山顶的造型设计

假山山顶的造型一般有3种：平顶式、峦顶式、峰顶式。

1. 平顶式

山顶平坦如盖，可游可憩。这种假山整体上大下小，横向挑出，如青云横空，高低参差。可根据需要做成平台式、亭台式和草坪式。

①平台式：将山顶用片状山石平铺做成，边缘做栏杆，可在其上设立石桌、石凳，供游人休息观景。

②亭台式：在平顶上设置亭子，与下面山洞相配合。

③草坪式：在山顶种植草坪，可改善山顶气候。

2. 峦顶式

将山顶做成峰顶连绵、重峦叠嶂的一种造型。这种形式的山头比较圆缓、柔美。

3. 峰顶式

将假山山峰塑造成各种形式的山峰。峰顶式包括：剑立式，上小下大，有竖直、挺拔、高耸之感；斧立式，上大下小，如斧头倒立，稳重中存在险意；斜壁式，上小下大，斜插如削，势如山岩倾斜，有明显的动势。

五、置石设计

在园林工程中，除常使用的叠石假山之外，还常使用一些山石零散布置成独立的或附属的各种造景，称为"置石"或"石景"，如水池中的汀步、墙边点石、石台、石桌、梯级、蹬道、台阶、基座等。现存江南名石有苏州的瑞云峰、留园的冠云峰、上海豫园的玉玲珑和杭州花圃的皱云峰，而最老的置石则为无锡惠山的"听松"石床。置石可分为峰石与点石。

（一）确定置石的用途

①用作山石花台、树台，可以增加庭园的空间变化。

②用作园林建筑的一部分，如蹲、涩浪、配、抱角、镶隅等。

③用于墙边檐下点石成景，配以花竹，可以丰富景园，如林下之拙石、梅边之古石、竹旁之瘦石等。

④用作山石器设，如石屏风、石桌、石几、石凳等。

⑤用作其他用途，如动物石像等。

（二）置石的形态设计

1. 子母石

以一块大石附带几块小石块为一组所形成的一种石景。子母石可布置在草坪上、山坡上、水池中、树林边等。

2. 散兵石

以几块自然山石为一组进行分散布置而成的一种石景。散兵石常布置在草丛中、山坡下、水池边、树根旁等。

3. 单峰石

由具有"瘦、皱、漏、透"等特点的怪石所做成的一块较大的独立石景。单峰石可作为主景，且应固定在基座上。

4. 象形石

选用具有某种天然动物、植物、器物等形象的山石所塑造的石景。

5. 石供石

专门选取出来的，具有供陈列、观赏和使用价值的各种奇特形状或色彩晶莹美丽的"玩石"所塑造的石景。

（三）确定置石的布置方式

1. 特置

又称孤置、立峰，是将形状奇特、具有一定观赏价值的单块山石放置在可供观赏或起陪衬作用之处的一种布置方式。特置常用作园林入口的障景和对景，也可置于廊间、亭下、水边，作为空间的聚焦中心。

2. 对置

在建筑物前两旁对称立置的两块山石，以点缀环境、丰富景色。

3. 散置

将大小不等的山石零星布置成有散有聚、有立有卧、主次分明、顾盼呼应的景象，使之成为一组有机整体的一种布置方式。散置又称散点，按体量不同，又可分为大散点和小散点。

（四）安放置石

布置一组置石要考虑诸多因素，如环境、石的形状、体量、颜色等。

①平面组合。在处理两块或 3 块石头的组合时，应注意石组连线，不能平行或垂直于视线方向。3 块石以上的石组排列须成斜三角形，不能呈直线排列。

②立面组合。从视觉上看，立面的效果更为直观，不能把石块放置在同一高度，应力求多样化，并赋予其自然特性。两块石头的组合应该是一高一低，两块以上的石堆应与石头的顶点构成一个三角形组合。

③3 块以上石头的组合。常采用奇数的石头成群组合，如 3、5、7。

④置石放置应力求平衡稳定，给人以宽松自然的感觉，每一块石头应埋入水中或土壤中。

⑤置石一般安排在景园视线的焦点位置上，起点睛作用，同时会有景深感。

⑥每块石头都有最佳观赏面，确定最佳观赏面以取得置石的最佳观赏效果，石组中各石头的最佳观赏面均应朝向主要的视线方向。

第二节 假山结构

假山是具有中国特色的人造景观。作为自然山水园的基本骨架，假山对园林景观的组合和空间功能的划分起到十分重要的作用。假山通过中层的变化营造出千变万化的假山形式，也正是这种中层上的堆叠变化演化出不同的假山结构。

一、假山结体构造

（一）假山立体结构造型基本方法

1. 环透式结构

环透式结构是指采用多种不规则孔洞和孔穴的山石，组成具有曲折环形通道或通透形孔洞的一种山体结构。环透式结构所用山石多为太湖石和石灰岩风化后的怪石。

2. 层叠式结构

层叠式结构是指用一层层山石叠砌成横向伸展形，具有丰富层次感的山体结构。层叠式结构所用山石多为青石和黄石，根据叠砌的方式分为水平层叠和斜面层叠。

3. 竖立式结构

竖立式结构是指将山石直立着叠砌，使假山具有挺拔向上、雄伟峻峭之势。竖立式结构所用山石多为条状或长片状的料石，短而矮的山石不能多用，根据叠砌方式可分为直立叠砌和斜立叠砌。

4. 填充式结构

填充式结构是指将假山内部用泥土、废石渣或混凝土等填充起来。用土填充可以栽种植物花草，降低山石造价；填充废渣可减少建筑垃圾的处理费用；填充混凝土可增强山体的牢固强度，应按具体情况各取所需。

（二）山石结体的基本形式

假山山体是整个假山全景的主要观赏部位。一座假山是由峰、峦、岭、台、壁、岩、谷、壑、洞、坝等单元结合而成的，而这些单元是由各种山石按照起、承、转、合的章法组合而成的。这些章法通过历代假山师傅的长期实践和总结，具体施工的"十字诀"，即"安、连、接、斗、挎、拼、悬、剑、卡、垂"；以后又增加了"五字诀"，即"挑、券、撑、托、榫"。这十五字诀概括了构筑假山石体结构的各种做法，它目前仍是我们对假山山体施工所应掌握的具体施工技巧。

1. 安

安是安置山石的总称，是指将一块山石平放在一块或几块山石之上的叠石方法。这块山石放下去要安稳，其中又分单安、双安和三安。双安是指在两块不相连的山石上面安一块山石，下断上连，构成洞、岫等变化；三安则是于三石上安一石，使之形成一体。安石特别强调要"安"，即本来这些山石并不具备特殊的形体变化，而经过安石以后可以巧妙地组成富于石形变化的组合体，亦即所谓的"玲珑安巧"。

2. 连

山石之间的水平衔接称为"连"。连要求从假山的空间形象和组合单元来安排，要"知上连下"，从而产生前后左右参差错落的变化；同时又要符合皴纹分布的规律。相连的山石，其连接处的茬口形状和石面皴纹要尽量相互吻合，对于不吻合的缝口应选用合适的小石刹紧，使之成为一体。

3. 接

山石之间的竖向衔接称为"接"。山石衔接的茬口可以是平口，也可以是凸凹口，但一定是咬合紧密而不能有滑移的接口。衔接的山石外观上要依皴纹连接，至少要分出横竖纹路来。

4. 斗

以两块分离的山石为底脚，做成头顶相互内靠，如同两者争斗状，并在两头顶之间安置一块连接石；或借用斗拱构件的原理，在两块底脚石上安置一块拱形山石，形成上拱下空的手法称为"斗"。

5. 挎

在一块大的山石之旁，挎靠一块小山石，犹如人在肩上挎包一样，称为"挎"。挎石可利用茬口咬压或上层镇压来稳定，必要时可加钢丝绕定。钢丝要藏在石的凹纹中或用其他方法加以掩饰。

6. 拼

在比较大的空间里，因石材太小，单独安置会感到零碎时，可以将数块以至数十块山石拼成一整块山石的形象，这种做法称为"拼"。在缺少完整石材的地方需要特置峰石，则可以采用拼峰的办法。例如，南京莫愁湖庭院中有两处拼峰特置，上大下小，有飞舞势，俨然一块完整的峰石，但实际上是数十块零碎的山石拼缀而成的。实际上这个"拼"字也包括了其他类型的结体，但可以总称为"拼"。

7. 悬

下层山石向相对的方向倾斜或环拱，中间形成竖长如钟乳的山石，这种方法叫作"悬"。悬多用于湖石类的山石模仿自然钟乳石的景观，黄石和青石也有悬的做法，但在选材和做法上区别于湖石。

8. 剑

用长条形山石直立砌筑的尖峰，峭拔挺立的自然之势称为"剑"。剑石的布置要形态多变、大小有别、疏密相间、高低错落，不能形成"刀山剑树、炉烛花瓶"，多采用各种石笋或其他竖长的山石。由于剑石为直立，重心易于变动，栽立时必须将石脚埋入一定深度，以保证其有足够的稳定性。

9. 卡

在两块较大的分离山石之间，卡塞一块较小山石的做法称为"卡"。卡的着力点在中间山石的两侧，而不是在其下部，这就与悬相区别。

10. 垂

从一块山石顶面侧边部位的茬口处，用另一山石倒垂下来的做法称"垂"。"垂"和"悬"都有悬挂之作，但"垂"是在侧边悬挂，而"悬"是在中部悬挂；"垂"与"挎"都是侧挂，但"垂"是在顶部向下倒挂，而"挎"是石肩部位侧挂。

11. 挑

挑又称"出挑"，是指用较长的山石横向伸出，悬挑其下石之外的做法。假山中的环、岫、洞、飞梁，特别是悬崖都基于这种结体的形式。挑有担挑、单挑和双挑之分。如果挑头轮廓线太单调，可以在上面接一块石头来弥补，这块石头称为"飘"。挑石每层约出挑相当于山石本身长度的 1/3，从现存园林作品中来看，出挑最多的有 2 m 多。挑的要点是求浑厚而忌单薄，要挑出一个面来才显得自然，因此要避免直接向一个方向挑。再就是巧安后竖的山石，使观者但见"前悬"还一定能观察到后竖用石，在平衡质量时应把前悬山石上面站人的荷重也估计进去，使之"其状可骇"而又"万无一失"。

12. 撑

撑又称俄，即斜撑，是指对重心不稳的山石从下面进行支撑的一种做法。应选取适合的支撑点，使加撑后在外观上形成脉络相连的整体。扬州个园的夏山洞中，做"撑"以加固洞柱并有余脉之势，不但统一地解决了结构和景观的问题，而且利用支撑山石组成的透洞采光，很合乎自然之理。

二、假山的结构设计

确定了假山要表现的主题，假山的骨架，假山采用的石材及主、次、配等诸峰平面、立面布局后，就要进行假山的结构设计。假山的结构从下至上可分为3层，即基础、中层和收顶。

（一）基础结构设计

假山的基础如同房屋的根基，是承重的结构。假山基础的承载能力是由地基的深浅、用材、施工等方面决定的。地基的土壤种类不同，承载能力也不同：岩石类为 $50\sim400\ \text{t/m}^2$；碎石类为 $20\sim30\ \text{t/m}^2$；沙土类为 $10\sim40\ \text{t/m}^2$；黏性土为 $8\sim30\ \text{t/m}^2$；杂质土承载力不均匀，必须回填好土。

根据假山的高度确定基础的深浅，由设计的山势、山体分布位置等确定基础的大小轮廓。假山的重心不能超出基础之外，若重心偏离铅重线，稍超越基础，山体倾斜时间长了就会倒塌。假山的基础可分为天然基础和人工基础。天然基础是指坐落稳定的天然山石，在自然大山的余脉上堆建假山，往往可获得天然山石基础。人工基础一般分为桩基、灰土基础和混凝土基础。

1. 桩基

这是一种古老的基础做法。木桩顶面的直径为 $10\sim15\ \text{cm}$，平面布置按梅花形排列，故称"梅花桩"。桩边至桩边的距离为 $20\ \text{cm}$，其宽度视假山底脚的宽度而定：如做驳岸，少则3排，多则5排；大面积的假山即在基础范围内均匀分布。桩的长度或足以打到硬层，称为"支撑桩"；或用其挤实土壤，称为"摩擦桩"，桩长一般有 $1\ \text{m}$ 多。桩木顶端露出湖底十几至几十厘米，其间用块石嵌紧，再用花岗石压顶，条石上面才是自然形态的山石，此即"大块满盖桩顶"的做法。条石应置于低水位线以下，自然山石的下部亦在水位线下，这样不仅为了美观，也可减少桩木的腐烂。

2. 灰土基础

古典园林中位于陆地上的假山多采用灰土基础。地下水位一般不高，雨季比较集中，使灰土基础有较好的凝固条件。灰土一经凝固便不透水，可以减少土壤冻胀的破坏。

灰土基础的宽度应比假山底面积的宽度宽出 $0.5\ \text{m}$ 左右，术语称为"宽打窄用"，保证山石的压力沿压力分布的角度均匀地传递到素土层，灰槽深度一般为 $50\sim60\ \text{cm}$。高度为 $2\ \text{m}$ 以下的假山山石一般打一步素土、一步灰土，一步灰土即布灰 $30\ \text{cm}$，踩实到 $15\ \text{cm}$ 再夯实到 $10\ \text{cm}$ 厚左右；高度为 $2\sim4\ \text{m}$ 的假山打一步素土、两步灰土，石灰一定要选用新出窑的块灰，在现场泼水化灰，灰土的比例采用3：7。

3. 混凝土基础

近代的假山多采用浆砌块石或混凝土基础。这类基础耐压强度大，施工速度较快。在基土坚实的情况下可利用素土槽浇灌，基槽宽度同灰土基。混凝土的厚度陆地上为10~20 cm，水中为50 cm，高大的假山酌情加其厚度。陆地上的假山选用不低于100号的混凝土做基础，水泥、砂和卵石配合的质量比为1：2：4~1：2：6；水中假山一般采用150号水泥砂浆砌块石或200号的素混凝土做基础。

（二）底层山石结构设计

在基础上铺砌一层自然山石，术语称为拉底。这层山石大部分在地面以下，只有小部分露出地面以上，并不需要形态特别好的山石。但它是受压更大的自然山石层，要求有足够的强度，因此宜选用顽夯的大石拉底。古代匠师把"拉底"看作叠山之本，因为假山空间的变化都立足于这一层。如果底层未打破整形的格局，则中层叠石亦难以变化。底石的材料要求大块、坚实、耐压，不允许用风化过度的山石拉底。

1. 拉底的设计应注意事项

①统筹向背。根据立地的造景条件，特别是游览路线和风景透视线的关系，统筹确定假山的主次关系。

②断续相间。主山、次山、配山等形成的山脉及主峰、次峰、配峰等形成的山峰，其走势和皴纹都有一定的规律。从底层山石的平面来看，应该是时断时续。

2. 拉底在施工时应注意问题

①石材种类和大小的选择。根据设计好的假山的高度来选择石材，高峰正底下应安装体量大、特别耐压的顽劣之石，禁止运用风化的石头，对其外观不做要求，山峰较低时可降低标准。铺底的山石可根据承压情况向外逐渐用较小体量的，有些底石须露出在外，应适当注意其外部美观。

②咬合茬口。这是指铺底的山石在平面上的要求。为保证铺底层的各块山石成为一个牢不可破的整体，以保证上面山体的稳固，需要根据石材的凹凸情况尽量选择一个凸凹相宜的邻石与之茬口相接。各石块之间尽量做到严丝合缝。当然，自然山石的轮廓多种多样、千变万化，很难使自然地相接严密，大块山石之间要用小块山石打入才能相互咬住、共同制约，成为一个统一的整体。底层山石咬合茬口，能使它们在同一个平面上相互牵扯，保证整体假山重心稳定，不发生偏移。

③石底垫平。这是铺底山石在竖直方向的要求，以避免石材在竖直方向上重心不稳、向下移动。在堆砌假山时，基础大多数要求大而平整的面向上，以便继续向上垒

接。为了保持山石上面水平，需要在下面垫一些大小合适的小石，而且在竖直面上接触面积要尽可能大，这样山石就会稳定。施工时，可把一些大石砸破，得到各种楔形的石块，这种作为垫石最好。如果山石底下着空，即使水平咬合的山石暂时在一个水平面上，上层的山体质量压下来也会破坏底层平面，导致下陷，影响整个山体的稳定性。

（三）中层的结构设计

中层即底石以上、顶层以下的部分，是占体量最大、触目最多的部分。中层结构用材广泛，单元组合和结构变化多端，可以说是假山造型的主要部分，结构设计要求有4点。

1. 接石压茬

山石上下的衔接要求严密，上下石相接时除了有意识地大块面闪进以外，还会避免在下层石上面闪露一些破碎的石面，假山师傅称其为"避茬"，认为"闪茬露尾"会失去自然气氛而流露出人工的痕迹。

2. 偏侧错安

偏侧错安即力求破除对称的形体，避免成四方形、长方形、正品形或等边、等腰三角形，要因偏得致、错综成美。为了使各个方向呈不规则的三角形变化，就要为各个方向的延展创造基本的形体条件。

3. 仄立避"闸"

山石可立、可蹲、可卧，但不宜像闸门板一样仄立。仄立的山石很难和一般布置的山石相协调，而且往上接山石时接触面往往不够大，因此也影响稳定。但这也不是绝对的，自然界也有仄立如闸的山石，特别是作为余脉的卧石处理等，但要求用得巧。有时为了节省石材而又能有一定高度，可以在视线不可及处以仄立山石空架上层山石。

4. 等分平衡

拉底石时平衡问题表现不显著，掇到中层以后，平衡的问题就很突出了。所谓的"等分平衡法"和"悬崖使其后坚"是此法的要领，如理悬崖必一层层地向外挑出，这样重心就前移了。因此，必须用数倍于"前沉"的中立稳压内侧，把前移的重心再拉回到假山的重心线上。

（四）收顶的结构设计

收顶即处理假山最顶层的山石。从结构上讲，收顶的山石要求体量大的，以便合凑收压。从外观上看，顶层的体量虽不如中层大，但有画龙点睛的作用，因此要选用轮廓和体态都富有特征的山石。收顶一般分峰顶式、峦顶式和平顶式3种类型。

收顶是在中层山石顶面加以重力的镇压，使重力均匀地分布传递下去，往往用一块收顶的山石同时镇压下面几块山石。当收顶面积大而石材不够整时，就要采取"拼凑"的手法，并用小石镶缝使之成为一体。

(五) 假山内部山洞的结构设计

1. 洞壁的结构设计

①墙式洞壁。墙式洞壁是以山石墙体为承重构件，洞壁由连续的山石所组成，整体性好，承重能力大，稳定性强；但因表面要保持一定平顺，故不易做出大幅度的转折凹凸变化，且所用石材较多。

②墙柱组合洞壁。墙柱组合洞壁是洞内由承重柱和柱间墙组合成回转曲折的山洞。这种结构洞道布置比较灵活，回转自如，间壁墙可相对减薄，节省石料；但洞顶结构处理不好易产生倒塌事故。洞内的柱子分独立柱和嵌墙柱两种，独立柱可用长条形山石做成"直立石柱"，也可用块状山石叠砌成"层叠石柱"。

2. 洞顶的结构设计

①盖梁式洞顶：用比较好的山石做梁或石板，将其两端搁置在洞柱或洞墙上，成为洞顶承载盖梁。这种洞顶结构简单，施工容易，稳定性也较好，是山洞常采用的一种构造。但由于受石梁长度的限制，山洞不能做得太宽。

根据石长和洞宽，洞顶结构分为单梁式、双梁式、丁字梁式、三角梁式、井字梁式和藻井梁式。

②挑梁式洞顶：从洞壁两边向中间逐层选挑，合拢成顶。这种结构可根据洞道宽窄灵活运用。

③拱券式洞顶：选用契榫形的山石砌成拱券。这种结构比较牢固，能承受较大压力，也比较自然协调，但施工较为复杂。

第三节　假山施工

随着园林工程中假山的广泛应用，假山已成为园林工程中非常重要的组成部分。假山通常是指利用人工堆砌的方法，仿照自然山水，再经艺术加工而制成。不论假山采取何种材料，只要能称为假山的，都是指人工堆成的山。其实通常所称的假山不仅包括假山，还包括置石部分。人工堆砌假山的目的是为了造景以供游览，多以土或石等为原料，参照自然山水进行艺术加工和提炼，从而形成人造的山水景观。假山的个体较大且相对集中，具有自然山林的高崇、雄伟之势，其可以以土为材料，可以以石为材料，也可以土石结合。置石则具有较多的分类，有持置、对置、散置和群置等，其体量较小且分散，主要以观赏为主。置石通常是以山石为原料来进行独立造景或作为附属性配置，其不具备完整的山形，主要表现山石的个体美。

一、假山施工

（一）假山立体结构造型基本方法

1. 假山施工工序

（1）选石

自古以来选石多重奇峰孤赏，追求"瘦、皱、漏、透、奇、丑"，追求山形山势，了解石性则叠石有型，叠石的选材必须符合自然山石的规律与工程地质表象。

（2）采运

中国古代采石多用潜水凿取、土中掘取、浮面挑选和寻求古石等方法。

（3）相石

相石又称读石、品石。施工时须先对现场石料反复观察，区别不同颜色、纹理和体量，按假山部位和造型要求分类排队，对关键部位和结构用石做出标记，以免滥用。

（4）立基

奠定基础，挖土打桩，基础深度取决于山石高度和土基状况，一般基础地面标高应在土表或常水位线以下 0.3~0.5 m。基础常见形式有石基（或条石）、桩基（木和石桩）、灰土基、钢筋混凝土板基或桩。

（5）拉底

拉底又称起脚，即稳固山脚底层和控制平面轮廓，常在周边及主峰下安底石，中间填土，以节约材料。

（6）堆叠中层

中层指底层以上、顶层以下的大部分山体，假山的造型技法与工程措施主要表现在这部分。另外，中层部分还需要安排留出狭隙洞穴，至少深 0.5 m 以上，以便置土种植树、木、花、草。

（7）收顶

顶层是假山效果的重点部位。

2. 假山施工要点

第一，假山应自后向前、由主及次、自下而上分层作业，每层高度为 0.3~0.8 m，各工作面叠石必须在胶结材料未凝之前或凝结之后继续施工，不得在凝固期间强行施工，否则一旦松动则胶结材料失效，会影响全局。一般管线水路应预埋、预留，切忌事后穿凿，导致石体松动，对于承重受力用石必须小心挑选，保证有足够强度。山石就位前应按叠石要求原地立好，然后拴绳打扣。就位应争取一次成功，避免反复。

第二，筑山应始终注意安全，用石必查虚实。拴绳打扣要牢固，工人应穿戴防护鞋帽，掇山要有躲避余地。雨期或冬季要排水防滑。人工抬石应搭配力量，统一口令和步调，确保行进安全。

第三，筑山完毕应重新复检设计（模型），检查各道工序，进行必要的调整补充，冲洗石面，清理场地。有水景的地方应开阀试水，检查水路、池塘等是否漏水。有种植条件的地方应填土施肥，种树、植草一气呵成。

（二）假山的施工

1. 假山定位放线

（1）审阅图纸

首先，看懂假山工程施工图纸，掌握山体形式和基础的结构，以便正确放样；其次，为了便于放样，要在平面图上按一定的比例尺寸，依工程大小或平面布置复杂程度，采用 2 m×2 m、5 m×5 m 或 10 m×10 m 的尺寸画出方格网，以其方格与山脚轮廓线的交点作为地面放样的依据。

（2）实地放样

在设计图方格网上，选择一个与地面有参照的可靠固定点作为放样定位点，然后以此点为基点，按实际尺寸在地面上画出方格网，并对应图纸上的方格和山脚轮廓线的位置放出地面上的相应白灰轮廓线。

2. 假山基础的施工

基础的施工应根据设计要求进行，假山基础有浅基础、深基础、桩基础等。

（1）浅基础的施工

浅基础的施工程序为原土夯实→铺筑垫层→砌筑基础。浅基础一般是在原地面上经夯实后砌筑的基础。此种基础应事先将地面进行平整，清除高垄，填平凹坑，然后进行夯实，再铺筑垫层和基础。

（2）深基础的施工

深基础的施工程序为挖槽→夯实整平→铺筑垫层→砌筑基础。深基础是将基础埋入地面以下的基础，应按基础尺寸进行挖土，严格掌握挖土深度和宽度，一般假山基础的挖土深度为 50~80 cm，基础宽度多为山脚线向外 50 cm，土方挖完后夯实整平，然后按设计铺筑垫层和砌筑基础。

（3）桩基础

桩基础的施工程序为打桩→整理桩头→填塞桩间垫层→浇筑桩顶盖板。桩基础多为短木桩或混凝土桩打入土中而成，在桩打好后，应将打毛的桩头锯掉，再按设计要求铺筑桩子之间的空隙垫层并夯实，然后浇筑混凝土桩顶盖板或浆砌块石盖板，要求浇实灌足。

3. 假山山脚施工

假山山脚是直接落在基础之上的山体底层，它的施工分为拉底、起脚和做脚。

（1）拉底

拉底是指用山石做出假山底层山脚线的石砌层。拉底的方式有满拉底和线拉底两种。

①满拉底是将山脚线范围内用山石满铺一层。这种方式适用于规模较小、山底面积不大的假山，或者有冻胀破坏的北方地区及有震动破坏的地区。

②线拉底是按山脚线的周边铺砌山石，而内空部分用乱石、碎石、泥土等填补筑实。这种方式适用于底面积较大的大型假山。

拉底的技术要求有以下4点。

①底脚石应选择石质坚硬、不易风化的山石。

②每块山脚石必须垫平垫实，用水泥砂浆将底脚空隙灌实，不得有丝毫动摇感。

③各山石之间要紧密咬合，互相连接形成整体，以承托上面山体的荷载分布。

④拉底的边缘要错落变化，避免做成平直和浑圆形状的脚线。

（2）起脚

拉底之后，开始砌筑假山山体的首层山石层叫"起脚"。起脚边线的常用做法有点脚法、连脚法和块面法。

①点脚法：在山脚边线上，用山石每隔不同的距离做墩点，用片块状山石盖于其上，做成透空小洞穴。这种做法多用于空透型假山的山脚。

②连脚法：按山脚边线连续摆砌弯弯曲曲、高低起伏的山脚石，形成整体的连线山脚线。这种做法各种山形都可采用。

③块面法：用大块面的山石连线摆砌成大凸大凹的山脚线，使凸出凹进部分的整体感都很强。这种做法多用于造型雄伟的大型山体。

起脚的技术要求有以下5点。

①起脚石应选择憨厚实在、质地坚硬的山石。

②砌筑时先砌筑山脚线凸出部位的山石，再砌筑凹进部位的山石，最后砌筑连接部位的山石。

③假山的起脚宜小不宜大、宜收不宜放，即起脚线一定要控制在山脚线的范围以内，宁可向内收一点而不要向外扩出去。起脚过大会影响砌筑山体的造型，形成臃肿、呆笨的体态。

④起脚石全部摆砌完成后，应将其空隙用碎砖石填实灌浆，或填筑泥土打实，或浇筑混凝土筑平。

⑤起脚石应选择大小、形态、高低不同的料石，使其犬牙交错，相互首尾连接。

（3）做脚

做脚是对山脚的装饰，即用山石装点山脚的造型。山脚造型一般是在假山山体的山势大体完成之后所进行的一种装饰，其形式有凹进脚、凸出脚、断连脚、承上脚、悬底脚和平板脚等。

①凹进脚：山脚向山内凹进，可做成深浅宽窄不同的凹进，使脚坡形成直立、陡坡、缓坡等不同的坡度效果。

②凸出脚：山脚向外凸出，同样可做成深浅宽窄不同的凸出，使脚坡形成直立、陡坡等形状。

③断连脚：将山脚向外凸出，但凸出的端部做成与起脚石似断似连的形式。

④承上脚：对山体上方的悬垂部分将山脚向外凸出，做成上下对应造型，以起到山势变化、遥相呼应的效果。

⑤悬底脚：在局部地方的山脚可做成低矮的悬空透孔，使之与实脚体构成虚实对比的效果。

⑥平板脚：用片状、板状山石连续铺砌在山脚边缘，做成如同山边小路，以突出假山上下的横竖对比。

4. 用铁件进行假山山石固定

假山山体施工中，采用"连、接、斗、挎、拼、悬、卡、垂"等手法时，都可借助铁件加以固定或连接，常用的铁件有铁吊架、铁扁担、铁银锭、铁爬钉等。

（1）铁吊架

铁吊架是用扁铁打制成上钩下托的一种挂钩，主要用来吊挂具有悬石结构的施工连接。吊挂稳妥后，用砂浆灌缝密实，再用铅丝捆绑稳固，干后即可安全无虑。

（2）铁扁担

铁扁担可以用扁铁、角铁或粗螺纹钢筋来制作，按其需要长度将两端弯成直钩即可，主要用来承托山石向外挑出的有关结构，如洞顶、岩边等的悬挑石。铁扁担两端直钩的弯起高度，以能使其钩住挑石为原则。

（3）铁银锭

铁银锭一般是指用熟铸铁制成两端宽、中间窄的元宝状铁件，主要用于两块山石对口缝的连接。连接前须将两块山石连接处按银锭大小画出棒口线，然后用亲子凿出槽口，再将铁银锭嵌入槽口内，最后灌入砂浆即可。

（4）铁爬钉

铁爬钉又称"蚂蟥钉"，多用 30~50 cm 长的钢筋打制成两端为弯起尖脚爪的形状。它是假山中各种山石相互连接的常用铁件，制作容易、施工简单，只须分别在两块山石上各凿剔一个脚爪眼，将爬钉钉入即可。

二、塑山

塑山是指用雕塑艺术的手法，以天然山岩为蓝本，人工塑造的假山或石块。那些气势磅礴、富有力感的大型山水和巨大奇石与天然岩石相比，它们自重轻、施工灵活、受环境影响较小，可按理想预留种植穴，因此为设计创造了广阔的空间。塑山、塑石通常有两种做法，一是钢筋混凝土塑山；二是砖石混凝土塑山，也可以两者混合使用。

（一）钢筋混凝土塑山

1. 基础

根据基地土壤的承载能力和山体的质量，经过计算确定其尺寸大小。

通常的做法是根据山体底面的轮廓线，每隔 4 m 做一根钢筋混凝土柱基，如山体形状变化大，应在局部柱子加密，并在柱间做墙。

2. 立钢骨架

立钢骨架包括浇注钢筋混凝土柱子、焊接钢骨架、捆扎造型钢筋和盖钢板网等。其造型钢筋和盖钢板网是塑山效果的关键之一，目的是为了造型和挂泥之用。钢筋要根据山形做出自然凹凸的变化，盖钢板网时一定要与造型钢筋贴紧扎牢，不能有浮动现象。

3. 面层批塑

先打底，即在钢筋网两边抹灰，材料配比为水泥+黄泥+麻刀，其中水泥：沙为 1:2，黄泥为总质量的 10%，麻刀适量。浆拌和必须均匀，随用随拌，存放时间不宜超过 1 h，初凝后的砂浆不能继续使用。

4. 表面修饰

①皴纹和质感。修饰重点在山脚和山体中部。山脚应表现粗犷，有人为破坏、风化的痕迹，并多有植物生长。山腰部分一般在 1.8~2.5 m 处，是修饰的重点，应追求皴纹的真实，做出不同的面，强化力感和楞角，以丰富造型。修饰时要注意层次，尽量使色彩逼真，主要手法有印、拉、勒等。山顶一般在 2.5 m 以上，施工时不必做得太细致，

可在将山顶轮廓线渐收的同时令色彩变浅，以增加山体的高大和真实感。

②着色。着色可直接用彩色配置，此法简单易行，但色彩呆板。另一种方法是选用不同颜色的矿物颜料加白水泥再加适量的 107 胶配置而成，颜色要仿真，可以有适当的艺术夸张，色彩要明快，着色要有空气感，如上部着色略浅，纹理凹陷部分色彩要深，常用手法有洒、倒、甩，刷的效果一般不好。

③光泽。可在石的表面涂过氧树脂或有机硅，重点部位还可打蜡。应注意青苔和滴水痕的表现，时间久了，还会自然地长出真的青苔。

④种植池。种植池的大小应根据植物（土球）总质量决定池的大小和配筋，并注意留排水孔。给排水管道最好塑山时预埋在混凝土中，一定要做防腐处理。在兽舍外塑山时，最好同时做水池，可便于兽舍降温和冲洗，并方便植物供水。

⑤养护。在水泥初凝后开始养护，要用麻袋片、草帘等材料覆盖，避免阳光直射，并每隔 2~3 h 洒一次水。洒水时要注意轻淋，不能冲射。养护期不少于半个月，在气温低于 5℃时应停止洒水养护，采取防冻措施，如遮盖稻草、草帘、草包等。一切外露的金属均应涂防锈漆，并以后每年涂一次。

（二）砖石塑山

首先在拟塑山石土体外缘清除杂草和松散的土体，按设计要求修饰土体，沿土体外开沟做基础，其宽度和深度视基地土质和塑山高度而定。接着沿土体向上砌砖，要求与挡土墙相同，但砌砖时应根据山体造型的需要而变化，如表现山岩的断层、节理和岩石表面的凹凸变化等。然后在表面抹水泥浆，进行表面修饰，最后着色。

塑山工艺中存在的主要问题有 3 点：一是由于山的造型、皱纹等的表现要靠施工者的手上功夫，因此对师傅的个人修养和技术的要求较高；二是水泥砂浆表面易发生较裂，影响强度和观瞻；三是易褪色。以上问题亦在不断改进之中。

（三）GRC 假山造景

GRC 是玻璃纤维强化水泥 Glass Fiber Reinforced Cement 的缩写，它是将抗碱玻璃纤维加入低碱水泥砂浆中硬化后产生的高强度的复合物。随着时代科技的发展，20 世纪 80 年代国际上开始用 GRC 造假山。这种使用机械化生产制造的假山石元件，具有质量轻、强度高、抗老化、耐水湿，易于工厂化生产，施工方法简便、快捷，成本低等特点，是目前理想的人造山石材料。用这种工艺制造的山石质感和皱纹都很逼真，为假山艺术创作提供了更广阔的空间和可靠的物质保证，为假山技艺开创了一条新路，使其达到"虽为人作，宛自天开"的艺术境界。GRC 假山元件的制作主要有两种方法：一为席状层积式手工生产法；二为喷吹式机械生产法。现就喷吹式工艺简介如下。

1. 模具制作

根据生产"石材"的种类、模具使用次数和野外工作条件等选择制模材料。常用模具的材料可分为软模，如橡胶膜、聚氨酯模、硅模等；硬模，如钢模、铝模、GRC 模、FRP 模、石膏模等。制模时，应以选择天然岩石皴纹好的部位和便于复制操作为原则脱制模具。

2. GRC 假山石块的制作

将低碱水泥与一定规格的抗碱玻璃纤维以二维乱向的方式同时均匀分散地喷射于模具中，凝固成形。在喷射时应随吹射随压实，并在适当的位置预埋铁件。

3. GRC 的组装

将 GRC"石块"元件按设计图进行假山的组装，要求焊接牢固，修饰、做缝，使之浑然一体。

4. 表面处理

表面处理主要是使"石块"表面具有憎水性，产生防水效果，并具有真石的润泽感。

（四）CFRC 塑石

CFRC 是 Carbon Fiber Reinforced Cement or Concrete（碳纤维增强混凝土）的缩写。20 世纪 70 年代，首先制作了聚丙烯腈基（PAN）碳素纤维增强水泥基材料的板材并应用于建筑，开创了 CFRC 研究和应用的先例。在所有元素中，碳元素在构成不同结构的能力方面似乎是独一无二的。这使碳纤维具有极高的强度，高阻燃，耐高温，具有非常高的拉伸模量，与金属接触电阻低和良好的电磁屏蔽效应，故能制成智能材料，在航空、航天、电子、机械、化工、医学器材、体育娱乐用品等工业领域中被广泛应用。CFRC 人工碳是把碳纤维搅拌在水泥中，制成的碳纤维增强混凝土，并用于造景工程。CFRC 人工岩与 GRC 人工岩相比较，其抗盐侵蚀、抗水性、抗光照能力等方面均明显优于 GRC，并具抗高温、抗冻融干湿变化等优点，其长期强度保持力高，是耐久性优异的水泥基材料，因此适合于河流、港湾等各种自然环境的护岸、护坡。由于 CFRC 具有的电磁屏蔽功能和可塑性，因此可用于隐蔽工程等，更适用于园林假山造景、彩色路石、浮雕、广告牌等各种景观的再创造。

第六章 风景园林草木种植工程施工

第一节 种植工程的实践

一、种植前的准备

乔灌木种植工程是绿化工程中十分重要的部分，其施工质量的好坏直接影响到景观及绿化效果，因而在施工前须做以下准备。

（一）场前准备

1. 明确设计意图及施工任务量

在接受施工任务后应通过工程主管部门及设计单位明确以下问题：工程范围及任务量、工程的施工期限、工程投资及设计概算、设计意图、施工地段的地上地下情况、定点放线的依据、工程材料来源、运输情况。

2. 编制施工组织计划

在前项要求明确的基础上，还应对施工现场进行调查，主要项目有：施工现场的土质情况，以确定所需的客土量；施工现场的交通状况，各种施工车辆和吊装机械能否顺利出入；施工现场的供水、供电；是否须办理各种拆迁；施工现场附近的生活设施等。

（二）种植准备

包括掘苗、包装运输、假植和寄植等几个步骤。

二、施工程序

（一）栽植前整地和土壤处理

园林树木栽植地的土壤条件十分复杂，因此，园林树木栽植前的整地工作既要做到严格细致，又要因地制宜。同时，整地应结合地形处理进行，除满足树木生长发育对土壤的要求外，还应注意地形地貌美观。在疏林草地或栽植地被植物的树丛和树林，整地工作应分两次进行。第一次，在栽植乔木以前；第二次，则在栽植乔灌木之后、栽植地被或铺草坪之前。

（二）定点放线

定点放线分为自然式配置、整形式、等距弧线等方法。

（三）挖种植穴（槽）

种植穴（槽）挖掘前应向有关单位了解地下管线和隐蔽物埋设情况。

种植穴（槽）的定点放线应符合下列规定：种植穴（槽）定点放线应符合设计图纸要求，位置必须准确，标记明显；种植穴定点时应标明中心点位置，种植槽应标明边线；定点标志应标明树种名称或代号规格；行道树定点遇有障碍物影响株距时，应与设计单位取得联系进行适当调整。

（四）种植

应根据树木的习性和当地的气候条件，选择最适宜的种植时期进行种植。

树木种植应符合下列规定：树木置入种植穴前，应先检查种植穴大小及深度，不符合根系要求时，应修整种植穴；种植裸根树木时，应在种植穴底填土，呈半圆土堆，置入树木填土至 1/3 时，应轻提树干使根系舒展，并充分接触土壤，随填土分层踏实；带土球树木必须踏实穴底土层，尔后置入种植穴，填土踏实；绿篱成块种植或群植时，应由中心向外顺序退植，坡式种植时应由上向下种植，大型块植或不同彩色丛植时宜分区分块种植；假山或岩缝间种植应在种植土中掺入苔藓、泥炭等保湿透气材料。

（五）筑堰洗水

树穴栽植培土后，应在树穴周围用土筑成高 10~15 cm 的浇水堰，应筑实、不漏水。

树木栽植后，应及时浇透"定根水"，并注意缓浇慢浇，隔日再复水 1 次。遇到天气干燥，须适时浇水。常绿树还须向树冠喷水，以减少水分蒸发。

浇水过程中如发现土壤下陷或树木倾斜，应及时扶正、培土。浇水后，应及时封堰整平。

（六）立支架

立支架是为了防止人为的伤害和被风吹倒，同时也有使树干保持直立的作用。

三、工程收尾准备

工程收尾准备包括树干包裹、树木扶正与树盘覆盖。

四、栽后的养护管理

按设计完成栽植后，施工方还要进行一系列养护管理工作，以提高苗木成活率，巩固绿化成果。

第二节 乔灌木种植工程设计

一、种植前的准备

（一）进场前准备

1. 明确设计意图及施工任务量

在接受施工任务后，应通过工程主管部门及设计单位明确以下问题。

（1）工程范围及任务量

工程范围及任务量，其中包括栽植乔灌木的规格和质量要求，以及相应的建设工程，如土方、上下水、园路、灯、椅及园林小品等。

（2）工程的施工期限

工程的施工期限，包括工程总的进度和完工日期，以及每种苗木要求栽植完成日期。

（3）工程投资及设计概（项）算

工程投资及设计概（项）算包括主管部门批准的投资数和设计预算的定额依据。

（4）设计意图

设计意图即绿化的目的、施工完成后所要达到的景观效果。

（5）了解施工地段的地上、地下情况

如有关部门对地上物的保留和处理要求等，了解地下管线，特别是地下各种电缆及管线情况，和有关部门配合，以免施工时造成事故。

（6）定点放线的依据

一般以施工现场及附近水准点做定点放线的依据，如条件不具备，可与设计部门协商，确定一些永久性建筑物作为依据。

（7）工程材料来源

工程材料来源包括苗木的出圃地点、时间。

（8）运输情况

运输情况是指行车道路、交通状况及车辆的安排。

2. 编制施工组织计划

根据所了解的情况和资料编制施工组织计划，其主要内容有：施工程序和进度计划；各工序的用工数量及总用工日；工程所需材料进度表；机械与运输车辆和工具的使用计划；施工技术和安全措施；施工预算；大型及重点绿化工程应编制施工组织设计。

城市建设综合工程中的绿化种植，应在主要建筑物地下管线道路工程等主体工程完成后进行。

（二）种植准备

1. 掘苗

（1）选苗

在掘苗之前，首先，要进行选苗，除了根据设计提出对规格和树形的特殊要求外，还要注意选择生长健壮、无病虫害、无机械损伤、树形端正和根系发达的苗木。做行道树种植的苗木分枝点应不低于 3.5 m。选苗时还应考虑起苗包装运输的方便，苗木选定后，要挂牌或在根基部位画出明显标记，以免挖错。

（2）掘苗前的准备工作

起苗时间最好是在秋天落叶后或土冻前、解冻后均可，因此时正值苗木休眠期，生理活动微弱，起苗对它们影响不大，起苗时间和栽植时间最好能紧密配合，做到随起随栽。为了便于挖掘，起苗前 1~3 d 可适当浇水使泥土保持一定湿度，对起裸根苗来说也便于多带宿土，少伤根系。

（3）起苗

起苗时，要保证苗木根系完整。裸根乔、灌木根系的大小，应根据掘苗现场的株行距及树木高度、干径而定。一般情况下，树木根系可按其高度的 1/3 左右确定，而常绿树带土球移植时，其土球的大小可按树木胸径的 10 倍左右确定。

起苗的方法常有两种：裸根起苗法及土球起苗法。裸根起苗的根系范围可以比土球起苗稍大一些，并应尽量多保留较大根系，留些宿土。如掘出后不能及时运走，应埋土假植，并要求埋根的土壤湿润。掘土球苗木时，土球规格视各地气候及土壤条件不同而各异。对于特别难成活的树种一定要考虑加大土球。土球的高度一般可比宽度少 5~

10 cm。土球的形状可根据施工方便而挖成方形、圆形、长方的半球形等。但是应注意保证土球完好。土球要削光滑,包装要严,草绳要打紧不能松脱,土球底部要封严不能漏土。

2. 包装运输和假植

（1）包扎

一般苗木的包扎应根据起苗的方式、苗木的种类及规格而定。通常裸根苗一般不包扎,带宿土较多的用草绳缠一缠,带土球苗木、常绿树和大的树木通常都需要包扎。

（2）运输

同时购进大量的苗木时,在装车前,应先核对购买的苗木种类和规格,并根据起苗的质量,淘汰损伤不能用的苗木,并补足苗木数量,车厢板与底部应先垫好草袋或草席,以免车底板或车厢板磨损苗木。乔木苗装车应根系向前,树梢向后,按顺序码放,不可压得太紧,也不能超高（从地面车轮到最高处不得超过 4 m）,树梢更不可拖地,根部要用苫布盖严,用绳捆牢。

带土球苗装车时,苗高不足 2 m 者可立放;苗木高度在 2 m 以上装车时应土球在前,树梢向后,斜放或平放,并用木架或垫布将树冠架稳、固牢;土球直径小于 20 cm,可码放 2~3 层,并应装紧,防止开车后滚动;土球直径大于 20 cm,只可装一层。运苗时土球上不可站人和压放重物。

树苗应有专人跟车押运,随时注意苫布是否被风吹开,短途运苗,中途最好不停留。长途运苗,裸根苗的根系易被吹干,应注意随时洒水,中途休息时应将车停在阴凉处,司机开车要稳,特别要注意路面高低不平的地段,不要开得太快。苗木运到后应及时卸车,对裸根苗不应从中间抽取。更不可整车推下,要求轻拿轻放。经过长途运输的裸根苗木,发现根系较干者,应浸水 1~2 d。土球小的应抱球轻放,不许提拿树干;较大的土球苗,可用长而厚的木板斜搭于车厢上,将土球移到木板上,顺势慢慢滑下;太大的土球用吊车装卸。

（3）假植

在苗木未运到栽植地前,应做好各种准备工作,苗木运到后,应该立即栽植。由于各种原因,如土壤未解冻,不能挖穴。施工地形没有整好,或劳力不足,种植穴没有挖等都致使苗木运到后不能立即栽植。在这些情况下,必须将苗木假植,并应视距栽植时间长短分别采取不同的"假植"措施。

裸根苗必须当天种植,裸根苗木自起苗开始暴露时间不宜超过 8 h。当天不能种植的苗木应进行假植,如不超过 1 d 临时性放置,可先在根部喷水后再用苫布或草席、草袋盖好。干旱多风地区则不适用,应在栽植地附近挖浅沟,将苗斜放沟内,取土将根系埋好,照此做法,依次一排排假植。如需长时间假植,应选不影响施工的附近背风处,挖宽 1.5~2.0 m，深 30~50 cm，长度视苗木数量而定的假植沟。按树种或品种分段集中假植，并做好标记。树梢应顺应当地风向，树梢朝南或朝东，先斜放一排苗木于沟中，然后用细土将根埋好，适当拍实，不使根系悬空，依次将苗木一排排假植。在假植期间，须随时检查，如发现土壤过干，应适量洒水，但绝不可大量灌水，使土壤过湿。

待土球苗木运到施工现场后应紧密排码整齐，当天不能栽植时，应往土球上喷水或往土球上撒些细土或稻草，盖上草席更好，以保持土球湿润。1~2 d 内栽不完者，应集中放好，周围培土；如囤放时间较长，土球间隙中也应添加土。常绿树在假植期间应随时注意喷水；珍贵树种和反季节所需苗木，除应选合适的季节起苗外，一旦苗木不能立即栽植，应采用容器假植或寄植。

（4）寄植

为了提高苗木栽植的成活率和囤苗，有些地方采取寄植的方法。寄植比苗木假植要求高，一般在早春树木发芽之前，按要求挖好土球苗或裸根苗，在施工现场附近进行相对集中的培育。对于裸根苗，应先造土球再行寄植。

造土球的方法：在地上挖一个与根系大小相当的圆形土坑，坑中垫一层草包、蒲包等包装材料，按正常的方法将苗木植于坑中，用湿润的细土填于根部，使根系与土壤密切接触，切忌留大的孔隙以及损伤根系。然后，将包装材料收拢，捆在根茎以上的树干上，抱出假土球，加固包装，即完成了造球的工作。

寄植场应设在交通方便、水源充足而不易积水的地方。寄植土球苗一般可用竹筐、藤筐、柳筐及箱、桶或缸等容器，其直径应略大于土球，并应比土球高 20~30 cm。先在容器底部放些栽培土，再将土球放在容器正中，周围填土，分层压实，直至离容器上沿 10 cm 时，筑堰浇水。容器摆放应便于搬运和集中管理，按树木的种类、容器的规格及一定的株行距，在寄植场地挖相当于容器高 1/3 深的寄植穴。将容器放入穴中，周围培土至容器高度的 1/2 拍实。寄植期间应适当施肥、浇水、修剪和防治病虫害。在水肥管理中应特别注意防止植株徒长，增强抗性。在移植前一段时间，停止浇水，提前将容器外面培的土扒平，待竹容器稍微风干坚固以后，立即移栽。

二、施工程序

（一）栽植前整地和土壤处理

1. 整地工作的内容和做法

整地既有土壤改良的内容，又有土壤管理的方法。整地工作包括以下几方面内容：根据设计要求做微地形、翻土、客土、去除杂物、碎土过筛、耙平、镇压土壤等。不同立地条件，其整地的做法不同，下面介绍几种常见的立地条件整地要求。

（1）一般平缓地段的整地

对坡度在8°以下的平缓耕地或半荒地、荒地，可采取全面整地。通常多用深翻或深耕，尤其是半荒地和荒地更需要深翻。耕地和半荒地可以耕翻得浅些（30~40 cm），荒地应翻得深些（60~80 cm）。使土壤尽快熟化，增加孔隙度，以利蓄水、保墒和通气。对重点绿化地或栽植深根性的大乔木要翻得深一些（有时可达1 m左右）。翻耕的同时要拣出大的树根及不利树木生长的废弃物，还应将大的土块打碎，并施以化肥，借以改良土壤，然后按一定的倾斜度将土壤扒平，以利排除过多的雨水。

（2）市政工程的场地和建筑周围的整地

在这些地段常留下大量的灰槽、灰渣、砂石、砖头、瓦块、木块及其他建筑垃圾等。在整地之前应将有害的灰槽、灰渣或遗留的水泥和石灰等全部清除，少量的砖头瓦块、木块等可以保留。这些地段施工时，大部分地方用压路机碾压过，土壤非常紧实，孔隙度低，通气不良，加之这里的土壤经过翻动，心土翻到上面（心土没有很好地风化），所以此类地段整地时应进行深耕（80~120 cm），将夯实的土壤挖松，以增加孔隙度，并根据设计的要求做好微地形，方可栽树。

（3）低湿地区的整地

低湿地土壤紧实，水分过多，通气不良，土质多带盐碱。解决的方法是挖排水沟，排除多余的积水，并降低地下水位，防止返盐碱。通常在栽树的前一年，每隔20 m左右挖一条深1.5~2.0 m的排水沟，并将挖出的表土放在一侧培成垄台，经过一个生长季，土壤受雨水的冲洗，盐碱减少，杂草腐烂，土质疏松，湿度适中，经过耙平处理，即可在垄台上种树。

（4）新堆土山的整地

挖湖堆山是园林建设中常遇到的工程。人工新堆的土山，要令其自然沉降，然后才可整地种树，因此，通常土山堆成后，至少要经过一个雨季才施行整地。如工程紧迫不能耽搁时间，也可以在堆土山的同时大量喷洒水，令其尽快沉降。因人工堆的土山多数情况下都不太大，也不太陡，土壤又是翻过的，如果土质好只需要按设计要求局部耙平整理，即可栽树。但有的土山土质不明，在这种情况下，需要先探测一下土山的土质情况，若发现土质过差，如为盐碱土、深层生土（未很好风化的底土）或水湿的淋溃土，必须进行改土或换好客土，不然影响树木的成活和以后的生长发育。

（5）荒山耕地

在整地之前，先要清理地面杂物，刨出枯树根，搬除可以移动的障碍物，在坡度较平缓、土层较厚的情况下，可以采用水平带状整地。这种方法是沿低山等高线整成带状的地段，故可称环山水平线整地。

在干旱石质荒山及黄土或红壤荒山植树地段，可采用连续或断续的带状整地，称为水平阶整地。在水土流失较严重、亟须保持水土、使树木迅速成林的荒山，则采用水平沟整地或鱼鳞坑整地，还可以采用等高撩壕整地。

2. 整地季节

整地季节的早晚对整地的质量有直接关系。在一般情况下应提早整地，以便发挥蓄水保墙的作用，并可保证植树工作及时进行，这一点在干旱地区，其重要性尤为突出。一般整地应在栽树 3 个月前（最好经过一个雨季）进行，如果现整地现栽树其效果会受一定影响。

若此地段除种植树木外，还要铺草坪，则翻地、过筛和耙平等程序要反复进行 2~3 次。施工精细的地段有的还同时进行施肥和土壤消毒等工作。

（二）定点放线

1. 自然配置式

（1）坐标定点法

根据植物配置的疏密度先按一定的比例在设计图及现场分别打好方格，表明树木在某方格的纵横坐标尺寸，再按此位置用皮尺量在现场相应的方格内。

（2）仪器测放法

用经纬仪或小平板仪依据地上原有基点或建筑物、道路将树群或孤植树依照设计图上的位置依次定出每株的位置。

（3）目测法

对于设计图上无固定点的绿化种植，如灌木丛、树群等可用上述两种方法划出树群树丛的栽植范围，其中每株树木的位置和排列可根据设计要求在所定范围内用目测法进行定点，定点时应注意植株的生态要求并注意自然美观。定好点后，多采用白灰撒点或打桩，标明树种、栽植数量（灌木丛树群）、坑径。

2. 整形式

对于成片整齐种植行道树，也可用仪器和皮尺定点放线，定点的方法是先确定绿地的边界、园路广场和小建筑物等的平面位置，以此作为依据，量出每株树木的位置，钉上木桩，其上写明树种名称。一般行道树的定点是以道牙或道路的中心为依据，可用皮尺、测绳等，按设计的株距，每隔 10 株钉木桩，作为定位和栽植的依据，定点时如遇电杆、管道、涵洞、变压器等障碍物应躲开。不应拘泥于设计的尺寸，而应遵照与障碍物相距的有关规定来定位。

3. 等距弧线

若树木栽植为一弧线如街道曲线转弯处的行道树，放线时可从弧的开始到末尾以道牙或中心线为准，每隔一定距离分别画出与道牙垂直的直线。在此直线上，按设计要求的树与路牙的距离定点，把这些点连接起来就成为近似道路弧度的弧线，在此线上再按株距要求定出各点。

（三）挖种植穴

1. 种植穴规格

种植穴的大小一定要依据苗木的规格决定，各种规格树木种植穴的大小根据行业标准的规定实施。

2. 种植穴的要求

种植穴应有足够的大小，容纳树木的全部根系并舒展开，避免栽植过深与过浅，阻碍树木的生长。穴的直径与深度一般比根系的幅度与深度（或土球）大 20~30 cm。在土壤贫瘠与坚实的地段，种植穴应该加大，有的甚至加大 1 倍。在带状栽植较密时，如绿篱、基础栽植等应挖种植槽。穴或槽应保证上下口径大小一致，不应成为"锅底形"或"锥形"。在挖穴和槽时，应将肥沃的表层土与贫瘠的底土分开放置，同时拣出有碍根系生长的土壤侵入体。

3. 挖穴方法

首先，以定植点为圆心，以穴的规格 1/2 为半径画圆，用白灰标记（通常用铁锹在地上顺手画圆）。然后，沿圆的标记向外起挖，将圆的范围挖出后，再继续深挖。切忌一开始就把白灰点挖掉或将木桩扔掉，这样穴的中心位置会平移。如果是行列式栽植，种植穴就很难达到横平竖直，影响栽植效果。在山坡上挖种植穴，深度以坡的下沿为准。在街道上栽植时，最好随挖穴、随栽植，避免夜间行人发生危险。

施工人员在挖穴时，如果发现种植穴内土质不好有碍树木的生长，或发现电缆、管线、管道，要及时找设计人员与有关部门协商解决。能用的土，可过筛再适当添加好土以备用；如果挖出的土壤不适合树木生长，要完全换土。穴挖好后，在其底部用松土堆约 10 cm 的土堆，经监理或专门负责人员按规格标准核对验收，不合格的要返工。

（四）种植

1. 栽植要求

栽植时应按设计要求核对苗木种类、规格及种植点位置。规则式种植应保持对称平衡，行道树或行列式种植的树木应在一条线上。为了做到这一点，可每隔 10~20 株先栽一株作为对齐的"标杆树"；如树木主干上有弯度，应将其弯的方向与行向一致；左右对齐，相差不超过树干的 1/20。

2. 栽植前的修剪

在栽植前，苗木必须经过修剪，其主要目的是为了减少水分的蒸发，保证树形平衡以保证树木成活。

修剪时其修剪量依不同树种要求而有所不同。一般对常绿针叶树及用于植篱的灌木不多剪，只剪去枯病枝、受伤枝即可。对于较大的落叶乔木，尤其是生长势较强，容易长出新枝的树木如杨、柳、槐等可进行强修剪，树冠可剪去 1/2 以上，这样可减轻根系负担，维持树木体内水分平衡，也使得树木栽后稳定，不致招风摇动。对于花灌木及生长较缓慢的树木，可进行疏枝，短截去全部叶或部分叶，去除枯病枝、过密枝，对于过长的枝条可剪去 1/3~1/2。

修剪时要注意分枝点的高度。灌木的修剪要保持其自然树形，短截时应保持外低内高。

树木栽植之前，还应对根系进行适当修剪，主要是将断根、劈裂根、病虫根和过长的根剪去。修剪时剪口应平面光滑，并及时涂抹防腐剂以防过分蒸发、干旱、冻伤及病虫危害。

3. 栽植方法

苗木修剪后即可栽植，栽植的位置应符合设计要求。用手将树干扶直，放入坑中，另一人将坑边的好土填入。上提起，使根茎交接处与地面相平，这样树根不易卷曲，到与地平或略高于地平为止，并随即将浇水的土堰做好。

与土球高度相符，以免来回搬动土球。填土前要将包扎物去除，以利根系生长。填土时应充分压实，但不要损坏土球。

（五）筑堰浇水

栽植后应在直径略大于种植穴的周围，筑高约 15 cm 的池水土堰，土堰应筑实，不得漏水。坡地可采用鱼鳞穴式种植。树木栽完后，24 h 内必须浇第一遍水，这遍水必须浇透，其作用是使根系与土壤密切接触，通称为"定根水"，俗称"救命水"；第一遍水后 3 d 再灌第二遍水，第二遍水后 7~10 d 浇第三遍水。在北方栽植树时这 3 遍水通常不能少。新植的树木在旱季还要浇水，一般连灌 3~5 年，待树木的根系扎深后才可停止。

栽植时浇水也要根据土壤的性质和树种适量进行，一般情况下，砂土一次水量不可太大，可适当增加浇水次数；黏性土壤，应适量浇水。根系不发达的树种，浇水量宜多些；肉质根系树种，浇水量宜少。秋季栽植的树木，浇足水后可封穴越冬。

在干旱地区或遇干旱天气时，应增加浇水次数。在干热风季节，应对新发芽放叶的树冠喷水，喷水宜在 10:00 前和 16:00 后进行。

浇水时应防止因水流过急冲刷土壤，使根系裸露或冲毁土堰，造成跑漏水。浇水后出现土壤沉陷，致使树木倾斜时，应及时扶正、培土。待水渗下后，应及时用围堰土封树穴。再筑堰灌水时，绝不能损伤根系。

对人流集散较多的广场、人行道，树木栽植后，种植池应铺设透气护栅。

（六）扶正、立支架

在浇完第一遍水后的次日，应检查树干四周泥土是否下沉或开裂，注意树苗是否歪斜。发生这种情况后应及时扶正，并用加土细沙将堰内缝隙填平踩实，再立支架将苗木固定好。

立支架是为了防止人为的伤害和被风吹倒，同时也有使树干保持直立的作用。凡是胸径在 5 cm 以上的乔木，特别是裸根栽植的落叶乔木、枝叶繁茂而又不宜大量修剪的常绿乔木、有台风的地区或风口处种植的大苗（树），均应考虑给予其支撑。支撑物应牢固，在迎当地主风方向的一面应立支柱，支撑时捆绑不要太紧，绑扎树木处应夹垫物，绑扎后的树干应保持直立。树木的支撑点应在防止树木倾斜和翻倒的前提下尽可能降低，带土球栽植的树木如果体量不过大也可以不进行支撑。

园林中应用的支架有桩杆式支架和牵索式支架两种。

1. 桩杆式支架

桩杆式支架的支点一般低于牵索式支架。通常分为直立式和斜撑式。

（1）直立式

高达 6 m 左右的树木，可将 1 根 2.2~2.5 m 的桩材或支撑柱钉入离树干 15~30 cm 的地方，深约 60 cm。然后用绑扎物将其与树干适当的位置采用"8"字形绑缚起来。直立支架又有单立式、双立式和多立式之分。若采用双立式或多立式，相对立柱可用横杆呈水平状紧靠树干连接起来。

（2）斜撑式

用长度为 1.5~2.0 m 的 3 根支杆，以树干基部为中心，由外向内斜撑于树干约 1/3 高的地方（应视树高低而定支撑点），组成一个正三棱锥形的三脚架进行支撑。3 根支柱的下端钉入土 30~40 cm，上面的交叉处同样用粗麻布、蒲包等将树干垫好后再捆绑起来。

2. 牵索式支架

一般对于较大的树须用 1~4 根（一般为 3 根）金属丝或缆绳拉住加固。这些支撑线（索）从树干高度约 1/2 的地方拉向地面与地面约成 45°夹角。线的上端用防护套或废胶皮管及其他软垫绕树干一周。线的下端固定在铁（或木）桩上。角铁桩上端向外倾斜，槽面向外，周围相临桩之间的距离应相等。在大树上牵索，有时还要将金属线连在紧线器上。牵索支架不要在街道上使用，在公园里应用也应加以防护或设立明显的标志，因为这些金属线索会给行人或游人带来潜在的危险，特别是在夜间容易绊伤行人。

在街道上、公园、风景区的重点地方，给新栽的树木立支架时，无论采用哪一种支架，都应注意支架的形式、材料、高度、颜色以及支撑的方式，与周围的环境应相互协调，不能随便设立，以免影响观赏效果。

三、栽后的养护管理与工程收尾准备

（一）裹干

在南方新栽的树木，特别是树皮薄、嫩、光滑的幼树，应该用粗麻布、粗帆布、特制的皱纸（中间涂有沥青的双层皱纸）及其他材料（如草绳、草席等）包裹，以防树干发生日灼或干燥，并减少蛀虫侵染的机会，冬天还可防止动物啃食。从树林中移出的树木，因其树皮极易遭受日灼的危害，对树干进行保护性的包裹，效果十分明显。

包裹物用细绳牢固地捆在固定的位置上，或从地面开始，一圈一圈互相紧紧挨着向上缠至第一分枝处。包裹的材料应保留两年或令其自然脱落，或在影响观赏效果时取下。但应注意，树干包裹也有不利的一面，即在多雨季节，由于树皮与包裹材料之间保持过湿状态，容易诱发真菌性溃疡病。因此，若能在包裹之前，于树干上涂抹某种杀菌剂，则有助于减少病菌的感染。

（二）树盘覆盖

在秋季栽植的常绿树，用稻草、腐叶土或充分腐熟的肥料覆盖树盘；街道上的树池也可用碎木片、树皮、卵石或沙子等覆盖，可提高树木栽植的成活率。因为，适当的覆盖可以减少地表蒸发，保持土壤湿润和防止土温变化过大。覆盖物要全部遮蔽覆盖区，使其见不到土壤。覆盖的有机物一般保留一冬，到春天撤除或埋入土中。有时也用地被植物覆盖树盘，但采用的植物材料要与树木生长矛盾不大。

此外，还应进行中耕，扶正歪斜树木，摘芽修枝，防治病虫害，适时灌溉并及时开堰封堰，封堰时要使泥土略高于地面，要注意防寒，其措施应按树木的耐寒性及当地气候而定。

四、大树移植

（一）大树移植概述

随着社会经济的发展以及城市建设水平的不断提高，单纯地用小苗栽植来绿化城市的方法已不能满足目前城市建设的需要，特别是重点工程，往往需要在较短的时间内展现出其绿化美化的效果，因而需要移植相当数量的大树。新建的公园、小游园、饭店、宾馆以及一些重点大工厂等，无不考虑采用移植大树的方法，以尽快使绿化见到成效。

移植大树能充分地挖掘苗源，特别是利用郊区天然林的树木以及一些闲散土地上的大树。此外，为保留建设用地范围内的树木也需要实施大树移植。

由此可见，大树移植是城市绿化建设中行之有效的措施之一，随着机械化程度的提高，大树移植将能更好地发挥作用。

（二）大树移植的时间

严格来说，如果被掘起的大树带有较大的土块，在移植过程中严格执行操作规程，移植后又注意养护，那么，在任何时间都可以移植大树。但在实际中，最佳移植大树的时间是早春，因为这时树液开始流动，大树开始发芽、生长，挖掘时损伤的根系容易愈合和再生，移植后，经过从早春到晚秋的正常生长以后，树木移植时受伤的部分已愈合，给树木顺利越冬创造了有利条件。

在春季树木开始发芽而树叶还没有全部长成以前，树木的蒸腾还未达到最旺盛时期，这时候，进行带土球的移植，缩短土球暴露在空气的时间，栽植后进行精心的养护管理也能确保大树的存活。

盛夏季节，由于树木水分的蒸腾量大，此时移植对大树的成活不利，在必要时可加大土球，加强修剪、遮荫，尽量减少树木水分的蒸腾量，也可以成活。由于所需技术复杂，费用较高，故尽可能避免。但在北方的雨季和南方的梅雨期，由于空气中的湿度较大，因而有利于移植，可带土球移植一些针叶树种。

深秋及冬季，从树木开始落叶到气温不低于-15℃这段时间，也可移植大树。此期间，树木虽处于休眠状态，但是地下部分尚未完全停止活动，故移植时被切断的根系能在这段时间进行愈合，给翌年春季发芽生长创造良好的条件。但是在严寒的北方，必须对移植的树木进行土面保护，才能达到这一目的。

南方地区尤其在一些气温不太低、湿度较高的地区，一年四季均可移植，落叶树还可裸根移植。我国幅员辽阔，南北气候相差很大，具体的移植时间应视当地的气候条件以及须移植的树种不同而有所选择。

（三）大树移植前的准备工作

1. 大树预掘的方法

为了保证树木移植后能很好地成活，可在移植前采取一些措施，促进树木的须根生长，这样也可以为施工提供方便条件，常用方法有3种。

（1）多次移植

此法适用于专门培养大树的苗圃中，速生树种的苗木可以在头几年每隔1~2年移植1次，待胸径达6 cm以上时，可每隔3~4年再移植1次。而慢生树待其胸径达3 cm以上时，每隔3~4年移1次，长到6 cm以上时，则隔5~8年移植1次，这样树苗经过多次移植，大部分的须根都聚生在一定的范围，因而再移植时可缩小土球的尺寸和减少对根部的损伤。

（2）预先断根法（回根法）

预先断根法适用于一些野生大树或一些具有较高观赏价值的树木的移植，一般是在移植前1~3年的春季或秋季，以树干为中心，以2.5~3倍胸径为半径或以稍小于移植时土球尺寸为半径，画一个圆或方形，再在相对的两面向外挖30~40 cm宽的沟（其深度则视根系分布而定，一般为50~80 cm），对较粗的根应用锋利的锯或剪，齐平内壁切断，然后用沃土（最好是沙壤土或壤土）填平，分层踩实，定期浇水，这样便会在沟中长出许多须根。到翌年的春季或秋季再以同样的方法挖掘另外相对的两面。到第三年时，在四周沟中均长满了须根，这时便可移走，挖掘时应从沟的外缘开挖，断根的时间可按各地气候条件有所不同。

（3）根部环状剥皮法

同预先断根法挖沟，但不切断大根，而采取环状剥皮的方法，剥皮的宽度为10~15 cm，这样也能促进须根的生长，这种方法用于大根未断、树身稳固、可不加支撑的情况。

2. 大树的修剪

修剪是大树移植过程中，对地上部分进行处理的主要措施，至于修剪的方法，各地不一，大致有以下几种。

（1）修剪枝叶

这是修剪的主要方式，凡病枯枝、过密交叉枝、徒长枝、干扰枝均应剪去。此外，修剪也与移植季节、根系情况有关：当气温高、湿度低、带根系少时应重剪；而湿度大、根系也多时可适当轻剪。此外，还应考虑到功能要求，如果要求移植后马上起到绿化效果的应轻剪，而没有把握成活的则可重剪。在修剪时，还应考虑到树木的绿化效果。如毛白杨做行道树时，就不应砍去主干；失去中央主干后成无主干多分枝的形态，改变了树木固有的形态，甚至影响其生长及原形态功能。

（2）摘叶

这是细致费工的工作，适用于少量名贵树种，移前为减少蒸腾可摘去部分树叶，移后即可再萌出新叶。

（3）摘心

此法是为了促进侧枝生长，一般顶芽生长的如杨树、白蜡、银杏、柠檬桉等均可用此法以促进其侧枝生长，但是如木棉、针叶树种都不宜摘心处理，故应根据树木的生长习性和要求来决定。

（4）剥芽

此法是为抑制侧枝生长，促进主枝生长，控制树冠不致过大，以防风倒。

（5）摘花摘果

为减少养分的消耗，移植前后应适当地摘去一部分花、果。

（6）刻伤和环状剥皮

刻伤的伤口可以是纵向也可以是横向，环状剥皮是在芽下 2~3 cm 处或在新梢基部剥去 1~2 cm 宽的树皮到木质部。其目的在于控制水分、养分的上升，抑制部分枝条的生理活动。

3. 编号定向

编号是当移栽成批的大树时，为使施工有计划地顺利进行，可把栽植坑及要移栽的大树均编上一一对应的号码，使其移植时可对号入座，以减少现场混乱及事故。定向是在树干上标出南北方向，使其在移植时仍能保持它按原方位栽下，以满足它对庇荫及阳光的要求。

4. 清理现场及安排运输路线

在起树前，应把树干周围 2~3 m 以内的碎石、瓦砾堆、灌木丛及其他阻碍物清除干净，并将地面大致整平，为顺利移植大树创造条件。然后按树木移植的先后顺序，合理安排运输路线，以使每棵树都能顺利运出。

5. 支柱、捆扎

为防止在挖掘时由于树身不稳、倒伏引起工伤事故及损坏树木，一般在挖掘前应对须移植的大树进行支柱，一般是用 3 根直径 15 cm 以上的大戗木，分立在树冠分支点的下方，然后再用粗绳将 3 根戗木和树干一起捆紧，戗木底脚应牢固支撑在地面，与地面成 60°角左右。支柱时应使 3 根戗木受力均匀，特别是避风向的一面。戗木的长度不定，底脚应立在挖掘范围以外，以免妨碍挖掘工作。

（四）移植方法

当前，常用的大树移植挖掘和包装方法主要有以下几种：软材包装移植法适用于挖掘圆形土球，树木胸径 10~15 cm 或稍大一些的常绿乔木。木箱包装移植法适用于挖掘方形土台，树木胸径 15~25 cm 的常绿乔木。在国内外已经生产出专门移植大树的移树机，适宜移植胸径 25 cm 以下的乔木，即移树机移植法。冻土移植法在我国北方寒冷地区较多采用。

1. 软材包装移植法

（1）土球大小的确定

树木选好后，可根据树木胸径的大小来确定挖土球的直径和高度。一般来说，土球直径为树木胸径的 7~10 倍，土球过大，容易散球且会增加运输困难；土球过小，又会伤害过多的根系以影响成活。所以土球的大小还应考虑树种的不同以及当地的土壤条件，最好是在现场试挖一株，观察根系分布情况，再确定土球大小。

（2）土球的挖掘

挖掘前，先用草绳将树冠围拢，其松紧程度以不折断树枝又不影响操作为宜，然后铲除树干周围的浮土，以树干为中心，比规定的土球大 3~5 cm 画一圆，并顺着此圆圈往外挖沟，沟宽 60~80 cm，深度以到土球所要求的高度为止。

（3）土球的修整

修整土球要用锋利的铁锹，遇到较粗的树根时，应用锯或剪将根切断，不要用铁锹硬扎，以防土球松散。当土球修整到 1/2 深度时，可逐步向里收底，直到缩小到土球直径的 1/3 为止。然后将土球表面修整平滑，下部修一小平底，土球即算挖好。

（4）土球的包装

土球修好后，应立即用草绳打上腰箍，腰箍的宽度一般为 20 cm 左右，然后，用蒲包或蒲包片将土球包严，并用草绳将腰部捆好，以防蒲包脱落，然后即可打花箍，方法是：将双股草绳的一头拴在树干上，然后将草绳绕过土球底部，顺序拉紧捆牢。草绳的间隔为 8~10 cm，土质不好的，还可以密些。花箍打好后，在土球外面结成网状，最后再在土球的腰部密捆 10 道左右的草绳，并在腰箍上打花扣，以免草绳脱落。土球打好后，将树推倒，用蒲包格底堵严，用草绳捆好，土球的包装即完成。

在我国南方，一般土质较黏重，故在包装土球时，往往省去蒲包或蒲包片，而直接用草绳包装，常用的有橘子包（其包装方法大体如前）、井字包和五角包。

2. 木箱包装移植法

树木胸径超过 15 cm，土球直径超过 1.3 m 以上的大树，由于土球体积、质量较大，如用软材包装移植时，较难保证安全吊运，故宜采用木箱包装移植法。这种方法一般用来移植胸径达 15~25 cm 的大树，少量用于胸径 30 cm 以上的，其土台规格可达 2.2 m× 2.2 m×0.8 m，土方量为 3.2 m³。在北京曾成功地移植过大圆柏，其土台规格达到 3 m× 3 m×1 m，大树移植后，生长良好。

（1）移植前的准备

首先，要准备好包装用的板材：箱板、底板和上板。掘苗前应将树干四周地表的浮土铲除。然后，根据树木的大小决定挖掘土台的规格，一般可按树木胸径的 7~10 倍作为土台的规格。

（2）包装

移植前，以树干为中心，以比规定的土台尺寸大 10 cm，画一正方形做土台的雏形，从土台往外开沟挖掘，沟宽 60~80 cm，以便于工人下沟操作。挖到土台深度后，将四壁修理平整，使土台每边较箱板长 5 cm。修整时，注意使土台侧壁中间略突出，以使上完箱板后，箱板能紧贴土台。土台修好后，应立即安装箱板。

安装箱板时是先将箱板沿土台的四壁放好。使每块箱板中心对准树干，箱板上边略低于土台 1~2 cm 作为吊运时的下沉系数。在安放箱板时，两块箱板的端部在土台的角上要相互错开，可露出土台一部分，再用蒲包片将土台包好，两头压在箱板下。然后在木箱的上下套好两记钢丝绳。每根钢丝绳的两头装好紧线器，两个紧线器要装在两个相反方向的箱板中央带上，以便收紧时受力均匀。

紧线器在收紧时，必须两边同时进行，箱板被收紧后即可在四角上钉铁皮 8~10 道，钉好铁皮后，用 3 根杉槁将树支稳后，即可进行掏底。掏底时，首先，在沟内沿着箱板下挖 30 cm，将沟土清理干净，用特制的小板镐和小平铲在相对的两边同时掏挖土台的下部。当掏挖的宽度与底板的宽度相符时，在两边装上底板。在上底板前，应预先在底板两端各钉两条铁皮。然后，先将底板的一头顶在箱板上，垫好木墩。另一头用油压千斤顶顶起，使底板与土台底部紧贴。钉好铁皮，撤下千斤顶，支好支墩。两边底板钉好后即可继续向内掏底。要注意每次掏挖的宽度应与底板的宽度一致，不可多掏。在上底板前如发现底土有脱落或松动，要用蒲包等物填塞好后再装底板，底板之间的距离一般为 10~15 cm。如土质疏松，可适当加密。

底板全部钉好后，即可钉装上板。钉装上板前，土台应铺满一层蒲包片。上板一般 2~4 块，某方向应与底板成垂直交叉，如需多次吊运，上板应钉成井字形。

3. 移植机移植法

在国内有一种新型的植树机械，名为树木移植机，又名树伊，主要用来移植带土球的树木，可以连续完成挖栽植坑、起树、运输、栽植等全部移植作业。

树木移植机分自行式和牵引式两类。目前，各国大量发展的都为自行式树木移植机，它由车辆底盘和工作装置两大部分组成。车辆底盘一般都是选择现成的汽车、拖拉机或装载机等，稍加改装，在上面安装工作装置，包括铲刀机构、升降机构、倾斜机构和液压支腿 4 个部分。铲刀机构是树木移植机的重要装置，也是其特征所在，它有切出土球和在运移中作为土球的容器以保护土球的作用。树铲能沿铲轨上下移动，当铲刀沿铲轨下到底时，铲刀曲面正好能包容出一个曲面圆锥体，也即土球的形状。起树时，通过升降机导轨将铲刀放下，打开铲刀框架，将树围合在框架中心，锁紧和调整框架，以调节土球直径的大小和压住土球，使土球不致在运输和栽植过程中松散。切土球动作完成后，把铲刀机构连同它所包容的土球和树一起往上提升，即完成了起树动作。

倾斜机构是使门架在把树木提升到一定高度后能倾斜在车架上，以便于运输。液压支腿则在作业时起支撑作用，以增加底盘在作业时的稳定性和防止后轮下陷。树木移植机的主要优点是：生产率高，一般能比人工提高 5 倍以上，而成本可下降 50% 以上，树木径级越大效果越显著；成活率高，几乎可达 100%；可适当延长移植的作业季节，不仅是春季，夏天的雨季和秋季移植时，成活率也很高，即使冬季在南方也能移植；能适应城市的复杂土壤条件，在石块、瓦砾较多的地方也能作业；减轻工人劳动强度，提高作业的安全性。

（五）大树的吊运

1. 起重机吊运法

我国常用的是汽车式吊车。其优点是机动灵活，行动方便，装车简捷。

木箱包装吊运时，用两根 7.5~10 mm 的钢索将木箱两头围起，钢索放在距木板顶端 20~30 cm 的地方（约为木板长度的 1/5），把 4 个绳头结在一起，挂在起重机的吊钩上，并在吊钩和树干之间系一根绳索，使树木不致被拉倒，还要在树干上系 1~2 根绳索，以便在起运时用人力控制树木的位置，不损伤树冠，有利于起重机工作。在树干上束绳索处，必须垫上柔软材料，以免损伤树皮。吊运软材料包装的树木或带冻土球的树木时，为了防止钢索损坏包装的材料，最好用粗麻绳，因为钢丝绳容易勒坏土球。先将双股绳的一头留出 1 m 多长结扣固定，再将双股绳分开。捆在土球由上向下 3/5 处绑紧，然后将大绳的两头扣在吊钩上，在绳与土球接触处用木块垫起，轻轻起吊后，再用脖绳套在树干下部，同时扣在吊钩上即可起吊。这些工作做好后，再开动起重机即可将树木吊起装车。

2. 滑车吊运法

在树旁用杉槁搭一木架（杉槁的粗细根据所起运树木的大小而定），把滑车挂在架顶，利用滑车将树木吊起后，立即在穴面铺上 2 条 50~60 cm 宽的木板，其厚度根据汽车（或其他运输工具）和树木的质量及坑的大小决定（如果坑过大，可在木板中间底下立一支柱，以增加木板的耐压力），汽车或其他运输机械即可装运树木。

（六）大树的定植

1. 定植的准备工作

在定植前应首先进行场地的清理和平整，然后按设计图纸的要求进行定点放线。在挖移植坑时，注意坑的大小，应根据树种及根系情况、土质情况等而有所区别，一般应在四周加大 30~40 cm，深度应比木箱加 20 cm，土坑要求上下一致，坑壁直而光滑，坑底要平整，中间堆一 20 cm 宽的土埂。由于城市广场及道路的土质一般均为建筑垃圾、砖瓦石砾，对树木的生长极为不利，因此必须进行换土和适当施肥，以保证大树的成活和有良好的生长条件。换土使用 1∶1 的泥土和黄沙混合，均匀施入坑内。

2. 卸车

树木运到工地后要及时用起重机卸放，一般都卸放在定植坑旁，若暂时不能栽植，则应放置在不妨碍其他工作的地方。

卸车时用大钢丝绳从土球下两块垫木中间穿过，两边长度相等，将绳头挂于吊车钩上，为使树干保持平衡可在树干分枝点下方拴一大麻绳，拴绳处可衬垫草，以防擦伤。大麻绳另一端挂在吊车钩上，这样即可把树平衡吊起。土球离开车后，迅速将汽车开走，然后移动吊杆把土球降至事先选好的位置。须放在栽植坑时，应由人掌握好定植方向，考虑树姿和附近环境的配合，并尽量符合原来的朝向。当树木栽植方向确定后，立即在坑内垫一土台或土埂，若树干不与地面垂直，则可按要求把上台修成一定坡度，使栽后树干垂直于地面以下再吊大树。当落地前，迅速拆去中间底板或包装蒲包，放于土台上，并调整位置。在土球下填土压实，并起边板。填土压实时，如坑深在 40 cm 以上，应在夯实 1/2 时，浇足水，等水全部渗入土中再继续填土。

由于移植时大树根系受到不同程度损伤，为促其增生新根，恢复生长，可适当使用生长素。

3. 定植后的养护

定植大树以后，必须进行养护工作，应采取下列措施：定期检查，主要是了解树木的生长发育情况，并对检查出的问题如病虫害、生长不良等及时采取补救措施；浇水；为降低树木的蒸发量，在夏季太热的时候，可在树冠周围搭荫棚或挂草帘；摘除花序；施肥，移植后的大树为防止早衰和枯黄，甚至遭受病虫害侵袭，需 2~3 年施肥 1 次，在秋季或春季进行；根系保护，对于北方的树木，特别是带冻土块移植的树木移植后，定植坑内要进行土面保温，即先在坑面铺 20 cm 厚的泥炭土，再在上面铺 50 cm 厚的雪或

15 cm 的腐殖土或 20~25 cm 厚的树叶。

早春，当土壤开始化冻时，必须把保温材料拨开，否则被掩盖的土层不易解冻，影响树木根系生长。

（七）反季全冠大树移植工程的措施

在城市园林绿化中，为了快速形成景观效果，往往需要移植一些大树。大树移植的适宜的季节是春季和秋季，但是，当前许多重要绿化工程，由于特殊时限的需要，要求在非正常季节施工，要进行大树反季节（非适宜季节）移植。更重要的是要保留大树原有的树形姿态，避免"砍头树""残废树"等来破坏城市绿化景观。因此，园林绿化工程建设者必须掌握大树反季节全冠移植技术，便于延长绿化施工期，加快城市园林绿化步伐。

1. 影响反季全冠大树移植成活的原因

影响大树移植成活的原因有许多方面，概括起来主要有 3 个方面的原因。

第一，破坏了树势平衡。大树移植过程中伤害了部分根系，打破了树势平衡，在某种程度上会降低成活率。要想提高大树移植成活率，就要根据根系分布的情况，对地上部分进行适当的修剪，使地上部分和地下部分的生长情况基本保持平衡。

第二，改变了树木的生长环境。树木的生长环境是一个由光、气、热、水等小气候环境和土壤条件组成的有机整体，大树移植改变了其生长环境，也会影响成活率。通常情况下，大树原植地和移植地的生长环境类似时移植成活率高，差异较大时移植成活率低。因此，在大树移植前对原植地和移植地的生长环境进行测定对比，在气候条件类似的情况下尽量改善土壤条件，提高移植成活率。

第三，季节对移植成活率的影响。在华北地区大部分城市，春季和秋季移植大树成活率较高，夏季移植成活率较低。大树反季节移植是一项万不得已的工作，要想提高移植成活率必须采取较为复杂的技术措施。

2. 反季全冠大树移植技术措施

（1）树种选择

根据绿化景观效果的要求，在绿化工程设计时应选择最适宜的树种。因是在生长季节移植，所以，要尽量选择与原植地和移植地的生长环境相类似、运输距离短的树种。另外，要考虑不同的树种移植的难易程度不同。一般来讲，落叶树比常绿树容易移植，阔叶树比针叶树容易移植。要选择树势健壮、树形好、无病虫害和机械损伤的树木。在条件允许的情况下，可选择移植成活率高的容器苗、屯苗和移植过的大树。

（2）合理修剪

修剪是大树移植的重要一环，可以提高移植成功率。修剪需要遵循树势平衡原理，因为移植时总会造成根系伤害，所以，必须根据根系分布情况，对树冠进行修剪，使地上部分和地下部分的生长情况基本保持平衡。树冠的修剪要保留树的总体骨架，在确保成活的基础上尽量保持树形。修剪量要根据树种及其土球根系分布情况来控制。落叶树进行强修剪，剪除部分侧枝，保留的侧枝要短截，修剪可达 3/5～9/10。可摘叶的要摘去部分叶片，但不能伤害幼芽。

常绿阔叶树，采取收缩树冠的方法，截取外围的枝条，适当稀疏冠内部不必要的弱枝，多留强的萌生枝，修剪量可达 1/3～1/5。针叶树以疏枝为主，修剪量可达 1/5～2/5。修剪时剪口要平滑，截面尽量要小，剪口大于 2 m 时要涂抹保护剂。枝条短截时要留侧芽，剪口应距留芽位置 1 cm 以上。

（3）挖掘

反季节移植的大树必须带土球，而且要比正常季节移植加大土球尺寸，一般要求土球规格是树木胸径的 7～10 倍，具体规格根据树种、胸径和土壤结构情况确定。起树的操作程序为：先去掉树干周围的表土，减少不必要的土方量。画土球边界线，在土球线外挖操作沟，向下挖掘，用利铲和手锯切断侧根，土球的形状应为上大下小，逐渐曲线收底，最后将主根锯断。进行修球，使土球四周对称、均匀，球面密实、完整，劈裂的根要短截，要保持切口平滑。修整后的土球高度为土球直径的 2/3 左右。用草绳将土球打包，根据土壤的松散程度可采取井字包、五角包和橘子包等不同的打包方式。打包要密实、牢固，防止土球散裂。在土球打包前可喷施适量的 500 mg/L 乙酸或 ABT 生根粉 2号，以提高移植成活率。如果大树的胸径超过 15～20 cm，土球直径超过 1.5～1.8 m，难以保证包装和运输安全，采用木箱包装移植更为稳妥。木箱移植的技术要点是：树干必须居中直立，箱板与箱形土坨之间要严实，土台的形状与边板尺寸一致，呈上口稍宽大、下口稍窄小的倒梯形。

（4）运输

采用大型车辆运输，按车辆行驶的方向，按土球（木箱）向前、树体侧躺向后顺序码放整齐。在树体与车体接触部位用草帘垫护，土球（木箱）下部与牢体接触部位用三角木垫垫紧，用麻绳将树干与牢体绑牢，用细钢丝绳（不可用有弹性的绳）将土球（木箱）与车体固定，避免树体和土球（木箱）晃动，造成树体磨损和土球破裂。运输过程中要注意树体保湿，装车前用浸透水的草帘缠绕主要枝干，装车后对树体喷水，并加盖苫布挡风、遮荫，长距离运输途中还要经常对树体及时喷水。

（5）栽植

要提前挖好栽植穴，栽植穴的直径或边长应大于土球直径或木箱边长 40～60 cm，穴的深度要大于土球或木箱高度 20 cm，穴底要有 10~20 cm 的回填土，如是含建筑垃圾较多的种植地，还要加大栽植穴的规格。实践证明，栽植地的土壤保持良好的通气透水性，是防止大树移植后根系窒息腐烂、促进萌发新根，进而成活的基本条件。因此，对土壤通气透水性要求较高的树种、珍贵树种和特大树，栽植时应在树根周围增设排气管及在回填土中掺入蛭石、珍珠岩等，以增强大树根部土壤的通气性。对排水不良的土壤，可在穴底铺 10~15 cm 的沙砾，或增设排水沟、渗水管等，以利排水。栽植穴挖好后，施入适量的腐熟有机肥。栽植时吊正树体，调整栽植深度，深浅以树木根、茎交接处（即根茎）与地面相平为宜，不要过深或过浅，喜光树种还应将树体阳面朝南，回填熟土，每填 20 cm 用木夯或小石夯夯实，填满后在外围修一道树堰。

定植完毕后，要设立支架对树木进行支撑，以防止浇水或风吹造成树木歪斜、倾倒或晃动，影响成活。一般用 3 根粗棍搭成三角形支撑架，支架与树干交接处垫上隔垫，防止磨伤树皮。

（6）养护

移植后的第 1 年是养护管理的关键时期，要做好以下几项工作。

①浇水与控水：栽植完成后立即浇第一遍水，以后每隔 3~5 d 浇 1 遍，连浇 7~10 遍。每次浇透即可，不要过大，过大不利于根系生长，因为新植的大树根系受损伤，吸水能力减弱，对土壤水分的需要量较小，如浇水量过大，反而影响土壤的透气性，不利于根系呼吸，严重时还会发生沤根现象。因此，如果浇水过大或大雨造成土壤水分过多，应及时进行排水。

②树体保湿：大树移植后根系吸收能力较弱，吸收的水分满足不了树体蒸腾和生长的需要。所以，除地下灌水外，还要进行树体保湿。

③遮荫：为减弱光照强度，降低树体蒸腾量，应搭建遮荫篷对新移植的大树进行遮荫。遮荫篷的上方和四周与树冠之间要保留 50 cm 的空间，保证棚内空气流通。防止树冠受到日灼危害。搭荫棚可采用 70% 的遮荫网，既达到遮荫的效果，又不影响树木的光合作用。

④树干缠绳：对整个树干用粗草绳环环相扣捆紧，并将草绳浇透水，保持树干的湿度，减少树皮的水分蒸发。

⑤喷洒抑制蒸腾抑制剂：目前，市场上有多个品牌的抑制蒸腾制剂。好的抑制蒸腾制剂，对移植后的大树进行适量喷洒，能够起到抑制树体蒸腾，达到树体保湿的作用。

⑥土壤透气技术：反季全冠移植大树根系环境的透气状况，对大树的成活和恢复生长是一个十分关键的因素。有必要采取专门的透气技术。

透气袋用塑料纱网缝制而成，直径在 12~15 cm，长度在 1 m 左右，袋子里充填珍珠岩，两头用绳子扎紧。土球放进树穴定位以后，回填之前，把透气袋垂直放在土球四周。一般每株大树视胸径的大小，沿土球的周边，均匀地放置3~4个透气袋。放的时候要特别注意，透气袋子一定要高出地面5 cm，回填时不要把透气袋埋住。

在大树移植的土球放进树穴以后，不回填土而回填沙子，在土球四周形成一个环状的透气带，使大树根系的透气状况得到极大的改善，可提高大树的移植成活率。

塑料透气管，用直径10 cm多孔塑料管外裹土工布作透气管，将管盘置、十字交叉置、四段垂直置于树穴内，再将树木土球放入穴内回填土，注意不要埋住管口或灌入泥土。可在透气管中安置灌溉系统，使之既可透气，也可通过灌溉系统从土球的四周进行灌水和施肥的操作。

⑦防腐促根技术：主要是土球挖好以后，包装之前或之后，对切断的根系伤口施用杀菌防腐的药剂，以防止伤口感染腐烂。同时施用促进根系再生的促根激素，促进不定根的发生和生长，尽快使根系恢复正常的生理功能。

防腐主要防止真菌性病害对根系伤口的感染。防腐的药剂可用一些广谱性的杀菌剂，如多菌灵、百菌清、甲基托布津、根腐灵等按正常用量兑水对土球的外侧进行喷洒。超过2 cm直径的根系切口，还应用伤口涂布剂对伤口进行涂抹和封闭。除了对土球进行1~2次喷洒处理外，还应对回填在土球底部和四周的土壤进行预先的杀菌消毒，种好以后还可结合浇水用杀菌药剂进行灌根，保证杀菌的持续效果。

促根可用一些促进根系生长的植物激素，如用萘乙酸（NAA）50~100 mg/L，吲哚丁酸（IBA）100~200 mg/L或ABT生根粉等促根的激素和药剂，对土球的外围和整个土球进行喷洒处理，以促进不定根的发生和生长，使根系能以较快的速度恢复吸收水分和养分的功能，从而使整株大树恢复生机。还有的应用德国技术生产的"活力素"100~120倍液灌注根系，以促进根系的恢复和生长。

⑧营养液滴注技术：是在大树移植初期，在树干的树皮上扎一小孔，用类似给人输液的方式向树干的韧皮部缓慢地滴注营养液。这种在大树根系没有恢复正常的功能的时候，利用非根系吸收的方式向大树补充一定的营养和刺激生长的其他物质，对大树的恢复和成活有一定的促进作用。上海、南京、成都等地都有公司专门生产这些滴注的设备和营养液。

⑨防治病虫害：新移植的大树抵抗能力弱，又值夏季病虫害高发期，极易遭受病虫害侵袭，如不注意防范，会降低成活率。防治病虫害要做到以预防为主、防治结合，要针对不同的树种易感染病虫害的种类，对症下药，及早预防。例如，新移植的大圆柏要喷药预防双条天牛和柏肤小盘的侵害，新移植的大雪松可喷施杀菌剂，预防溃疡病的发生。

⑩防寒：当年新移植的大树，由于还没有完全恢复树势，抗寒抗冻能力降低。因此，在入冬前要采取防寒措施。

综上所述，大树反季节移植已成为城市绿化施工中普遍使用的方法。实践证明，这项技术具有很强的实用性、可靠性和可操作性。但是，大树反季节移植技术较为复杂，因此，要求在施工前，对树种选择、移植方法、运输、栽植以及养护管理等各个环节，要有系统计划。而且要做细、做好每一个环节的工作。如果在春季前能够落实移植计划，提倡采取"提前囤苗法"，实施反季节移植。另外，要注重新技术、新方法的应用，在实践中不断丰富和完善大树反季节移植的技术措施。

第三节　草坪种植工程探索

草坪是城市绿化的重要组成，草坪植物在绿化材料中占有独特的位置。在一些地块零星、有地下设施或土层薄而不能栽植树木的地方，均能种植草坪。为了创造宜人的环境，给人们提供一个良好的户外活动场地，以及一些特殊功能如飞机场、足球场、高尔夫球场、网球场等运动场地的需要，草坪得到越来越广泛的应用。

一、草坪的建植

草坪是指人工建造及人工养护管理起绿化、美化作用的草地。在园林绿地、庭园、运动场地多为人工建造的草坪。建造人工草坪，首先，必须选择合适的草种；其次，是采用科学的栽植及管理方法。

（一）草种选择

建造草坪时，所选用的草种是草坪能否建成的基本条件。选择草种应考虑以下方面：适应当地的环境条件，尤其注意适应种植地段的小环境；使用场所不同，对草种的选择也应有所不同；根据养护管理条件选择草种，在有条件的地方可选用须精细管理的草种，而在环境条件较差的地区，则应选用抗性强的草种。总之，选用草种应对使用环境、使用目的及草种本身有充分了解，才能使草坪发挥其功能效益。

（二）场地准备

铺设草坪和栽植其他植物不同，在建造完成以后，地形和土壤条件很难再行改变。要想得到高质量的草坪，应在铺设前对场地进行处理，主要应考虑地形处理、土壤改良及做好排灌系统。

1. 土层的厚度

一般认为，草坪植物是低矮的草本植物，没有粗大主根，与乔灌木相比，根系浅。

因此，在土层厚度不足以种植乔灌木的地方仍能建造草坪。草坪植物的根系80%分布在40 cm以上的土层中，而且50%以上是在地表以下20 cm的范围内。虽然有些草坪植物能耐干旱、耐瘠薄，但种在15 cm厚的土层上，会生长不良，应加强管理。为了使草坪保持优良的质量，减少管理费用，应尽可能使土层厚度达到40 cm左右，最好不小于30 cm。在小于30 cm的地方应加厚土层。

2. 土地的平整与耕翻

这一工序的目的是为草坪植物的根系生长创造条件，步骤有以下3点。

（1）杂草与杂物的清除

清除目的是为了便于土地的耕翻与平整，但更主要的是为了消灭多年生杂草。为避免草坪建成后杂草与草坪草争水分、养料，在种草前应彻底将杂草加以消灭。可用"草甘麟"等灭生性的内吸传导型除草剂，使用后两周可开始种草。此外还应把石块、瓦砾等杂物全部清出场地外。瓦砾等杂物多的土层应使用10 mm×10 mm的网筛过一遍，以确保杂物除净。

（2）初步平整、施基肥及耕翻

在清除了杂草、杂物的地面上应初步做一次起高填低的平整。平整后施雄肥，然后普遍进行一次耕翻。土壤疏松、通气良好，有利于草坪植物的根系发育，也便于播种或栽草。

（3）更换杂土与最后平整

在耕翻过程中，若发现局部地段土质欠佳或混杂的杂土过多，则应换土。虽然，换土的工作量很大，但必要时须彻底进行。否则，会造成草坪生长极不一致，影响草坪质量。为了确保新设草坪的平整，在换土或耕翻后，应灌一次水或滚压两遍，使坚实度不同的地方能显出高低，以利最后平整时加以调整。

3. 排水及灌溉系统

草坪与其他场地一样，需要考虑排除地面水，因此，最后平整地面时，要结合考虑地面排水问题，不能有低凹处，以避免积水。做成水平面也不利于排水，草坪多利用缓坡排水。在一定面积内修一条缓坡的沟道，其最下面的一端可设雨水口接纳排出的地面水，并经地下管道排走，或以沟直接与湖池相连。理想的平坦草坪的表面应是中部稍高，逐渐向四周或边缘倾斜。建筑物四周的草坪应比房基低5 cm，然后向外倾斜。

地形过于平坦的草坪或地下水位过高、聚水过多的草坪、运动场的草坪等均应设置暗管或明陶排水，最完善的排水设施是用暗管组成一系统与自由水面或排水管网相连接。

草坪灌溉系统是建植草坪的重要项目。目前，国内外草坪大多采用喷灌，为此，在场地最后整平前，应将喷灌管网埋设完毕。

（三）种植方法

有了合适的草源和准备好的土地，即可种草。用播种、铺草块、栽草根或栽草蔓等方法均可。

1. 播种法

播种法一般用于结籽量大、种子容易采集的草种。如野牛草、羊茅、结缕草、苔草、翦股颖、早熟禾等都可用种子繁殖。要取得播种的成功，应注意以下几个问题。

（1）种子的质量

种子的质量指两个方面：一是纯度；二是发芽率。一般要求纯度在90%以上，发芽率在50%以上。

（2）种子的处理

有的种子发芽率不高并不是因为质量不好，而是因各种形态、生理原因所致。为了提高发芽率，达到苗全、苗壮的目的，在播种前可对种子加以处理。如细叶苔草的种子可用流水冲洗数十小时；结缕草种子用0.5%的NaOH浸泡48 h，用清水冲洗后再播种；野牛草种子可用机械的方法搓掉硬壳等。

（3）播种量和播种时间

草坪种子播种量越大，见效越快，播后管理越省工。种子有单播和2~3种混播的。单播时，一般用量为10~20 g/m^2，应根据草种、种子发芽率等而定。混播则是在依据基本种子形成草坪以前的期间内，混种一些覆盖性快的其他种子。如早熟禾85%~90%与翦股颖10%~15%。

暖季型草种为春播，可在春末夏初播种；冷季型草种为秋播，北方最适合的播种时间是9月上旬。

（4）播种方法

播种方法有条播及撒播。条播有利于播后管理，撒播可及早达到草坪均匀的目的。条播是在整好的场地上开沟，深5~10 cm，沟距15 cm，用等量的细土或砂与种子拌匀，撒入沟内。不开沟为撒播，播种者应做回纹式或纵横向后退撒播。播种后轻轻耙土镇压使种子入土0.2~1 cm。播前灌水有利于种子的萌发。

（5）播后管理

充分保持土壤湿度是保证出苗的主要条件。播种后可根据天气情况每天或隔天喷水，幼苗长至3~6 cm时可停止喷水，但要经常保持土壤湿润，并要及时清除杂草。

2. 栽植法

栽植法较播种法简单，能大量节省草源，一般1 m^{2}的草块可以栽成5~10 m^{2}或更多一些，已成为我国北方地区种植匍匐性强的草种的主要方法。

（1）种植时间

全年的生长季均可进行。但最佳的种植时间是生长季中期。

（2）种植方法

种植方法分条栽与穴栽。草源丰富时可以用条栽，在平整好的地面以 20~40 cm 为行距，开 5 cm 深的沟，把撕开的草块成排放入沟中，然后填土、踩实。同样，以 20~40 cm 为株行距也是可以的。

（3）提高种植效果的措施

为了提高成活率，缩短缓苗期，移栽过程中要注意两点：一是栽植的草要带适量的护根土（心土）；二是尽可能缩短掘草到栽草的时间，最好是当天掘草当天栽。栽后要充分灌水，清除杂草。

3. 铺栽法

这种方法的主要优点是形成草坪快，可以在任何时候（北方封冻期除外）进行，且栽后管理容易。缺点是成本高，并要求有丰富的草源。

（1）选定草源

要求草生长势强、密度高，而且有足够大面积的草源。

（2）铲草皮

先把草皮切成平行条状，然后按需要横切成块。草块大小根据运作是否方便而定，大致有以下几种：45 cm×30 cm、60 cm×30 cm、30 cm×12 cm 等。草块的厚度为 3~5 cm，国外大面积铺栽草坪时，亦常采用圈毯式草皮。

（3）草皮的铺栽方法

无缝铺栽是不留间隔全部铺栽的方法。草皮紧连，不留缝隙，相互错缝。快速形成草坪时，常使用这种方法。草皮的需要量和草坪面积相同。

有缝铺栽是指各块草皮相互间留有一定宽度的缝进行铺栽。缝的宽度为 4~6 cm，当缝宽为 4 cm 时，草皮必须占草坪总面积的 70%。

方格型花纹铺栽方法虽然建成草坪较慢，但草皮的需用量只须占草坪面积的 50%。

4. 草坪植生带铺栽的方法

草坪植生带是用再生棉经一系列工艺加工制成的有一定拉力、透水性良好、极薄的无纺布，选择适当的草种、肥料按一定的数量、比例通过机器撒在无纺布上，在上面再覆盖一层无纺布，经黏合滚压成卷制成。它可以在工厂中采用自动化的设备连续生产制造，成卷入库，每卷 50 m 或 100 m，幅度 1 m 左右。在经过整理的地面上满铺草坪植生带，覆盖过 1 cm 筛的生土或河沙，早晚各喷水 1 次，一般 10~15 d（有的草种 3~5 d）

即可发芽，1~2 个月就可形成草坪，覆盖率 100%，成草迅速，无杂草。

5. 喷播法

近年来，国内外也有用喷播草籽的方法培育草坪，即用草坪草种子加上泥炭（或纸浆）、肥料、高分子化合物和水混合浆，贮存在容器中，借助机械力量喷到须育草的地面或斜坡上，经过精心养护育成草坪。

二、草坪的养护管理

草坪的养护管理工作主要包括灌水、施肥、修剪、除杂草等环节。

（一）灌水

草坪植物的含水量占鲜重的 75%~85%，叶面的蒸腾作用要耗水，根系吸收营养物质必须有水做媒介，营养物质在植物体内的输导也离不开水，一旦缺水，草坪生长衰弱，租盖度下降，甚至会叶枯黄而提前休眠。据调查，未加人工灌溉的野牛草草坪至 5 月末，每平方米内仅有匍匐枝 40 条，而加以灌溉的草坪每平方米的匍匐枝则可达 240 条；前者的覆盖度是 70%，后者是 100%。因此建造草坪时必须考虑水源，草坪建成后必须合理灌溉。

1. 水源与灌水方法

水源没有被污染的井水、河水、湖水、水库存水、自来水等均可作为灌水水源。目前，国内外试用城市"中水"当作绿地灌溉用水。随着城市的绿地不断增加，用水量大幅度上升，给城市供水带来很大的压力。"中水"不失为一种可靠的水源。

灌水方法有地面漫灌、喷灌和地下灌洒等。

2. 灌水时间

在生长季节，根据不同时期的降水量及不同的草种适时灌水是极为重要的。一般可分为 3 个时期。

（1）返青到雨季前

这一阶段气温高，蒸腾量大，需水量大，是一年中最关键的灌水时期。根据土壤保水性能的强弱及雨季来临的时期可灌水 2~4 次。

（2）雨季

雨季基本停止灌水。这一时期空气湿度较大，草坪的蒸腾量下降，而土壤含水量已提高到足以满足草坪生长需要的水平。

（3）雨季后至枯黄前

这一时期降水量少，蒸发量较大，而草坪仍处于生命活动较旺盛阶段。与前两个时期相比，这一阶段草坪需水量显著提高，如不能及时灌水，不但影响草坪生长，还会引起提前枯黄进入休眠。在这一阶段，可根据情况灌水 4~5 次。此外，在返青时灌返青水，在北方封冻前灌封冻水也都是必要的。总之，草种不同，对水分的要求不同，不同地区的降水量也有差异。因而，必须根据气候条件与草坪植物的种类来确定灌水时期。

3. 灌水量

每次灌水的水量应根据土质、生长期、草种等因素而确定。以湿透根系层、不发生地面径流为原则。如北京地区的野牛草草坪，每次浇水的用水量为 $0.04~0.10$ t/m^2。

（二）施肥

为保持草坪叶色嫩绿、生长繁密，必须施肥。草坪植物主要是进行叶片生长，并无开花结果的要求，所以氮肥更为重要，施氮肥后的反应也最明显。

在建造草坪时应施堆肥，草坪建成后在生长季须施追肥。冷季型草种的追肥时间，最好在早春和秋季。第一次在返青后，可起促进生长的作用；第二次追肥在仲春。天气转热后，应停止追肥。秋季施肥可于 9—10 月进行。暖季型草种的施肥时间是在晚春，在生长季每月或两个月应追肥 1 次，这样可增加枝叶密度，提高耐践踏性。最后一次施肥北方地区不能晚于 8 月中旬，而南方地区不应晚于 9 月中旬。

（三）修剪

修剪是草坪养护的重点，而且是费工最多的工作。修剪能控制草坪高度，促进分蘖，增加叶片密度，抑制杂草生长，使草坪平整美观。

一般的草坪一年最少修剪 4 次，国外高尔夫球场内精细管理的草坪，一年中要经过上百次的修剪。修剪的次数与修剪的高度是两个相互关联的因素。修剪时的高度要求越低，修剪次数则越多。草的叶片密度与覆盖度也随修剪次数的增加而增加。根据草的剪留高度进行有规律的修剪，当草达到规定高度的 1.5 倍时就要修剪，最高不得超过规定高度的 2 倍。修剪草坪一般都用剪草机。

（四）除杂草

杂草的入侵会严重影响草坪的质量，使草坪失去均匀、整齐的外观，同时杂草与草坪草争水、争肥、争阳光，从而使草坪草的生长逐渐衰弱。因而，除杂草是草坪养护管理中必不可少的环节。防、除杂草的最根本方法是合理的水肥管理，促进草坪草的生长势，增强与杂草的竞争能力，并通过多次修剪，抑制杂草的发生。一旦发生杂草侵害，除用人工"挑除"外，还可用化学除草剂，如用曲马津、扑草净、敌草隆等封闭土壤，抑制杂草的萌发或杀死刚萌发的杂草；用灭生性除草剂草甘膦、百草枯等在草坪建植前或草坪更新时防除杂草。除草剂的使用比较复杂，效果好坏随很多因素而变，使用不当会造成很大的损失，因此使用前应慎重做试验和准备，使用的浓度、工具应专人负责。

（五）通气

通气即在草坪上扎孔打洞，目的是改善根系通气状况，调节土壤水分含量，有利于提高施肥效果。这项工作对提高草坪质量起到不可忽视的作用。一般要求 50 穴/m^2，穴间距 15 cm×5 cm，穴径 1.5~3.5 cm，穴深 8 cm 左右，可用中空铁钎人工扎孔，亦可采用草坪打孔机（恢复根系通气性机）施行。

草坪承受过较大负荷或经常受负荷作用，土壤板结，可采用草坪垂直修剪机，用铣刀挖出宽 1.5~2 cm，间距为 25 cm，深约 18 cm 的沟，在沟内填入多孔材料（如海绵土），把挖出的泥土翻过来，并把剩余泥土运走，施用高效肥料，补播草籽，加强肥水管理，使草坪能很快生长复壮。草坪垂直修剪机亦称垂直方向切断机，它对草坪的复壮更新起很大的作用。

第四节 边坡植物防护工程研究

一、边坡植物绿化防护措施体系

边坡植物绿化防护措施体系通常包括以下几个基本环节：为植物生长发育创造环境条件的绿化基础工程；引入植物的植被建植工程；引导植被向目标群落演替所采用的植被管理工程。这里主要介绍，如何结合边坡的立地条件，选择适合的植物绿化防护施工工艺，以及边坡绿化防护施工工艺（即边坡绿化防护种植工程）的具体施工做法。

边坡植物绿化防护措施主要包括两个方面：施工工艺和施工材料，这里主要是指植物材料。施工工艺选择的主要决定因素是边坡条件，植物材料选择的主要决定因素是自然条件。施工工艺和植物材料的选择是相互影响的，需要综合考虑。

二、边坡植物绿化防护施工工艺

（一）人工播种

1. 工艺特点

人工播种包括撒播、穴播、条播 3 种方式。撒播法是将种子均匀撒在坡面上，然后用土覆盖。穴播法是在边坡上，按照一定密度挖掘种植穴，将肥料、种子等放入，用土、沙等掩埋。条播法是在边坡，按一定间隔水平挖沟，放入肥料后，撒播种子，覆土。

2. 施工技术

人工播种绿化防护施工技术的流程为：坡面清理→预处理→播种→覆土→覆盖→养护管理。

（1）坡面准备

清理建筑垃圾等杂物，对土质较差的边坡进行垫土。按照播种方式对坡面进行整理，平整、开挖种植穴及沟槽。

（2）播种

将处理好的种子（或种子组合配方）人工播种到坡面上或沟槽中。

（3）覆土

覆土厚度应根据种子的大小确定。一般情况下，覆土厚度为极小粒种子0.15~0.5 cm，小粒种子0.5~1.0 cm，中粒种子为1.0~3 cm，大粒种子为3~5 cm。

（4）镇压

为了使土壤和种子紧密结合，使种子能充分利用毛细管水，覆土后要及时镇压。对于较黏的土壤则不宜镇压，以防止土壤板结，不利于幼苗出土；对于不黏而较湿的土壤，待其表土稍干时再进行镇压。

（5）覆盖

用无纺布或其他替代材料覆盖在坡面上。以保水透气，无纺布采用U形钉或竹扦固定，在苗木生长出来后，撤掉无纺布。

（6）养护

用高压喷雾器使水分成雾状，均匀地湿润坡面，注意控制好喷头与坡面的距离和移动速度，避免出现水流冲击坡面形成径流；适时喷洒广谱药剂防治各种病虫害；对生长不良区域进行补播。

（二）铺草皮

1. 工艺特点

铺草皮是一种较为常用的植物绿化护坡技术。草皮的铺植方法主要有平铺、间铺、条铺3种。间铺法是指草皮铺装时按照一定的间距排列，空白处可撒草籽。按照草皮的形状和厚度，在计划铺草皮的地方挖去土壤，然后嵌入草皮，必须使草皮块铺下后与四周土壤齐平。条铺法是指将草皮切成6~12 cm宽的长条，草皮上下平行铺装，间距20~30 cm。

2. 施工技术

铺草皮绿化防护施工技术的流程为：坡面整理→覆种植土→草皮铺设→浇水压实→养护管理。

①坡面准备。将坡面修理平整，清除石块等杂物。将边坡表层挖松整平，洒水湿润，必要时还应加铺种植土。间铺和条铺时挖去计划铺植草皮地的土壤。

②草皮铺设。将草皮顺次铺在坡面上，坡度大于1：1.5时利用竹（木）杆固定，两块草皮之间留出5 mm的间隙，用土填充。

③浇水压实草皮铺设完毕后马上浇水，并利用木槌等工具将草皮压实，与坡面密贴。

④养护草皮从铺设到适应坡面环境健壮生长期间都须及时进行洒水，每天都须洒水，每次洒水量以保持土壤湿润为原则；当草苗发生病害时，应及时使用杀菌剂防治病害。常用的药剂有代森锰锌、多菌灵、百菌清、福美霜等，须掌握适宜的喷洒浓度。

（三）液压喷播

1. 工艺特点

液压喷播是以水为载体的植被绿化建植技术，将配制好的种子、肥料、覆盖料、土壤稳定剂等与水充分混合后，用高压喷枪均匀地喷射到土壤表面。喷播后的混合物在土壤表面形成一层膜状结构，能有效防止种子被冲刷，并保证在较短时间内植物迅速覆盖地面。

2. 施工技术

液压喷播绿化防护施工技术的流程为：坡面清理→种子与辅料混合→喷播→覆盖→养护。

（1）坡面清理

清理坡面固体杂物、危石等，使坡面平整，同时做好坡面的排水。

（2）种子与辅料混合

将处理好的种子与保水剂、土壤稳定剂、木纤维（或纸浆）、肥料、水等充分混合，添加到喷播机械中。材料的添加顺序一般为：水、保水剂及黏结剂、纤维、肥料、种子、绿色颜料。

（3）喷播

将种子与辅料的混合物均匀地喷到坡面上，喷播时左右摆动喷枪，并防止喷播物产生地表径流。

（4）覆盖无纺布

无纺布强度应能够在预定时期内抵抗风力撕扯，两幅布之间应足够重叠，用U形铁钉或钢钉等牢固地固定在种植基础上。在大部分植物长出2~3片真叶时即可揭布，揭布前，适当地进行一段时间的蹲苗。

（5）苗期养护

种子的苗期水分管理尤为重要，浇水时应将水均匀喷洒开，防止对种植种子造成冲刷，致使种子流失或分布不均。应避免在强烈的阳光下洒水养护。

（四）客土喷播

1. 工艺特点

客土喷播是一种融合土壤学、植物学、生态学理论的生态防护技术。它将经处理加工的树皮、养生材料、植物种子与少量当地优质土混合，再添加营养剂、黏结剂和土壤稳定剂制成客土，借助喷播机用挂网喷射的方式均匀喷涂于坡面上，从而实现对岩石边坡的绿化防护。

2. 施工技术

客土喷播绿化防护施工技术的流程为：清理坡面→挂铁丝网→风钻锚杆孔→灌浆固定锚杆→锚杆固网→有机基材混合高压喷土→混合料和种子混合→高压机械喷播→覆盖无纺布→喷灌透水→养护管理。

（1）清理坡面

施工前坡面的凹凸度平均为±10 cm，最大不宜超过±30 cm；光滑坡面则需要人工挖掘横沟或机械横向开沟槽等施工措施进行加糙过程处理。如遇竖向机械条沟，也应通过人工或机械把沟槽挖掘成横向，要以等高线为横沟基线位，以免客土下滑，保证和提高客土的稳固率。

（2）挂铁丝网

采用12#或14#镀锌铁丝制成的双扭挂网，网的规格为宽2 m，长20 m，网孔尺寸应选择≤5 cm为宜，网与网之间采用平行的对接方式。

（3）风钻锚杆孔

灌浆固定锚杆孔洞深大于1.5 m，直径为20 mm，孔向应与坡面垂直。在网的左右边缘每隔2 m打一孔穴。在网的上沿中间加一孔穴，以保证网的牢固度。锚杆长度应比孔洞深度长10~15 cm，埋于孔洞内。以水泥砂浆筑穴孔，水泥砂浆的标号应不低于C15，以固定锚杆。

（4）锚杆固网

将网边缘网眼左右挂入锚杆，并用铁丝扎紧固定，两网之间的缝隙也要用铁丝连接扎牢。

（5）土料过筛

有机基质的土壤选好后，要进行筛选，筛网的孔径应以 1~2 cm 为宜。过筛，把土壤中的杂物和石块筛去，避免阻塞机械设备，大土块可以打碎过筛。

（6）有机基质材料混合

可利用机械混拌均匀，有机基质材料可以用凝固胶结在铁丝网面，形成一层可供植物生长的基础。江西地区高速公路有机基质材料配比一般为每立方米喷播植生基质：轻质土 0.7 m³，泥炭土 0.3 m³，纤维 10 kg，肥效两年以上缓释复合肥 3 kg，土壤保水剂 0.5 kg，固土剂 0.2 kg，腐殖酸 1 kg，硅酸盐类强力接合剂 40 kg，pH 值为 6.5~7.5。

（7）高压机械喷土播种

通过喷射机把混合好的基质材料，自上而下分两次喷至岩面共 10 cm 左右厚。第一次喷基质材料约为 8 cm 厚，第二次喷草种约为 2 cm 厚。为了提高种子的发芽率及喷播均匀，须将材料在喷播机内先搅拌至少 20 min，混拌均匀后喷播。

（8）盖无纺布

覆盖无纺布时，应扎紧边口，两头用土埋，无纺布布幅之间须重叠 10~15 cm，注意不要露口，小心操作，保持布面完好。

（9）喷灌透水

当草苗长到 6~8 cm 或 4~5 片真叶时，揭掉无纺布，揭之前应适当"炼苗"，然后逐步揭布，注意不要在大晴天猛然揭布。

（10）后期养护

根据土壤肥力、湿度、天气情况酌情追施化肥和灌溉、防治病虫害、清除杂草，转入正常的管理阶段。

（五）三维网植草

1. 工艺特点

三维植被网植草（以下简称"三维网植草"）是将带有突出网包的多层聚合物网固定在边坡上，在网包中敷土植草对边坡进行绿化的技术。根据抗拉能力和固土能力不同，网包可设计为 2~5 层，一般薄层应用于填方边坡，厚层应用于挖方边坡，可以起到固土防冲刷并且改善植草质量的良好效果。

2. 施工技术

三维网植草绿化防护施工技术的流程为：平整坡面→铺设三维植被网垫→回填土→

喷播草种→覆土→盖无纺布→养护管理。

（1）平整坡面

清除边坡上的杂草碎石等杂物，对边坡进行细平整。对于路堤填土土质条件差、不利于草种生长的坡面采用回填客土改良，并追施底肥，比例为氮肥：磷肥：钾肥＝15：8：7。

（2）铺设三维植被网垫

在坡顶及坡脚开挖沟槽，挖一条宽 30 cm、深 20 cm 的顶沟及底沟，铺设按照从坡顶至坡脚的顺序进行，应保持网垫端正且与坡面紧贴，不允许悬空、歪斜或有褶皱，上下沟槽内应使网垫有足够的反压量。

相邻网垫之间要搭接，搭接宽度大于 5 cm。当网垫需要上下连接时，应让坡上部分压住坡下部分 10 cm 以上。网垫采用专用竹钉或 U 形钉呈梅花形固定，网垫左右搭接及上下连接处竹钉须加密，大约每平方米使用 6 根竹钉。对于坡顶及坡脚的固定，将网垫埋进，然后将上下沟槽回填土并夯实。

（3）回填土

坡面三维网垫回填土时应以细土回填，厚度以覆盖住网包为宜，一般 2~3 cm，回填土时应从上至下依次回填。

（4）喷播草种

将草籽与肥料、保水剂、黏合剂、纤维等辅助材料均匀搅拌，利用专用液力喷播机进行喷播。喷播时应根据土壤结构，少量多次重复喷播，使草种均匀分布，避免顺坡面下流滑动。播撒应选在无风天气进行。

（5）覆土

喷播草种后应及时覆盖一层细土，并清除杂物和土块。植土厚度不得超过 1 cm，以覆盖住草种为宜。

（6）盖无纺布

为预防雨水对坡面及种子的冲刷，保水保温，利于草种的生长，应覆盖土工织物或草帘进行保湿。覆盖物应在草长出数厘米后除去。

（7）养护管理

施工完毕后，应做好浇水、施肥等养护工作。浇水时应呈雾状喷洒，时间选在早晨或傍晚进行，洒水应坚持少量多次，必须避开阳光强烈的时段。肥料应根据土质和草的生长期进行科学选择，施肥应适量、适时。进行病虫害检测，及时发现、及时防治。

（六）植生精护坡

1. 工艺特点

植生带是采用专用机械设备，依据特定的生产工艺，把草种、肥料、保水剂等按一定密度定植在可自然降解的无纺布或其他材料上，并经过机器的滚压和针刺复合定位工序，形成的具有一定规格的产品。

2. 施工技术

植生带绿化防护施工技术的流程为：平整坡面→开沟挖槽→铺设植生带→覆土→洒水→养护。

（1）坡面准备

清除坡面所有石块及其他一切杂物，松土并施有机肥，打碎土块，耧细耙平。对黏性较大的土壤，增施锯末、泥炭等改良其结构。

（2）开沟挖槽

在坡顶和坡脚处设置矩形沟槽，以固定植生带。

（3）铺设植生带

铺植生带前 1~2 d，应灌足底水，以利于保墙。将植生带自然地平铺在坡面上，拉直放平，植生带接头处重叠 5~10 cm，用竹钉或 U 形钉固定。植生带上下两端应置于矩形沟槽，并填土压实。

（4）覆土、洒水

以细粒土（最好为砂质壤土）覆盖植生带，覆盖厚度为 0.3~0.5 cm，覆土完毕后及时洒水，须浇透，使植生带完全湿润，与坡面紧密结合。

（5）苗期养护

种子苗期水分管理尤为重要，浇水时应将水均匀喷洒开。

（七）土工格室植草

1. 工艺特点

土工格室是以 HDPE 或 PP 材料为主要原料，添加一定量的抗氧剂、防老剂等助剂，混合均匀后用单螺杆挤出机成形为宽 1.2 m、厚 1~2 mm 的板材，然后用冲孔机对板材冲孔后分切成宽 100~300 mm 的单片，再把单片经超声波焊接组合成重叠结构，展开即成具有一定数量的独立网格。土工格室植草技术是指将土工格室铺装固定在无土壤的石质边坡，通过向内填入种植土壤，营建植物生长的基础，再进行机械或人工播种，从而建立边坡人工植被。

2. 施工技术

土工格室植草防护施工技术的流程为：平整坡面→排水设施施工→土工格室施工→回填客土→喷播施工→盖无纺布→前期养护。

（1）平整坡面

坡面平整关系到土工格室植草护坡工程的成败，坡面凹凸不平时铺设土工格室易产生应力集中使格室焊点开裂、造成格室垮塌；同时亦会造成局部格室与坡面之间空隙过大，给客土回填带来极大的难度。因此，边坡在施工时应严格控制平整顺直，特别是石质地段的爆破光面效果，同时进行人工修坡，清除坡面浮石、危石，直至符合设计要求。

（2）排水设施施工

边坡排水系统的设置是否合理和完善直接影响到坡面植被的生长环境，对于长大边坡，其坡顶、坡脚及平台均须设置排水沟，并根据坡面水流量的大小考虑是否设置坡面排水沟，一般坡面排水沟横向间距为 40~50 cm。

（3）土工格室施工

首先，在坡面上按设计的锚杆位置放样，采用钻杆进行钻孔，成孔后将按设计要求弯制好并防锈处理完毕的锚杆打入孔内。其次，锚杆设置完毕后，应马上开始悬挂土工格室。悬挂时应注意各单元间连接时应尽量对齐并钮紧连接螺栓，同时应使土工格室尽量张开贴紧坡面。最后，土工格室悬挂完毕后即可按要求设置混凝土锚锭块，施工时应保证锚锭块振捣密实。

（4）回填客土

土工格室固定好后即可向格室内填充客土。客土应尽量选择种植土，路基施工时清除的表土是理想的土源，严禁使用掺杂石块、沙砾的土源。充填前可适当湿润土体使之成团有利于施工。充填时可自下而上逐层进行，施工不便时可设置扶梯多人传递。充填时应使每个格室中的客土密实、饱满，并高出格室表面 1~2 cm。充填时应特别注意施工安全，攀爬作业必须使用安全绳。

（5）喷播施工

客土回填完毕后应抓紧进行喷播施工。按设计比例配合草种、木纤维、保水剂、黏合剂、肥料、染色剂及水的混合物料，并通过喷播机均匀喷射于坡面。

（6）盖无纺布

为使草种免受雨水冲刷，并实现保温保湿，应加盖无纺布，促进草种的发芽生长。无纺布覆盖时应按 40 cm×40 cm 的间距设置固定竹钉。因山区风大，应派人监控注意及时补钉竹钉，补盖无纺布。

（7）前期养护

首先，进行洒水养护。用高压喷雾器使养护水呈雾状均匀地湿润坡面，注意控制好喷头与坡面的距离和移动速度，保证无高压流水冲击坡面形成径流。养护期限视坡面植被生长状况而定。其次，追肥。应根据植物生长需要及时追肥。最后，及时补播。草种发芽后，应及时对稀疏无草区进行补播。

三、藤本植物护坡

藤本植物护坡（也称垂直绿化），是指栽植攀缘性和垂吊性植物，以遮蔽硬质岩陡坡和挡土墙、锚定板墙等土工砌体，美化环境的生物绿化防护措施。

藤本植物护坡施工技术的工艺流程一般如下：开挖种植槽→栽植→设置攀爬媒介→养护。

（一）开挖种植槽

在石质边坡的二级以上边坡的分级平台修建种植槽，底部设置排水孔。

（二）栽植

在种植槽内填土，厚度 50 cm 左右。藤本植物栽植时根系宜距坡面 15 cm，株距以 20~30 cm 为宜。

（三）设置攀爬媒介

在坡面设置铁丝网等，为藤本植物的攀爬提供支持。

（四）养护

藤本植物栽植后立即浇水，在栽植初期保持土壤湿润，直到苗木成活；使植物沿攀爬媒介不断伸长生长；种植槽内除草，减少其对藤本植物的养分争夺；适时喷洒广谱药剂防治各种病虫害。

参考文献

［1］陈晓刚. 园林植物景观设计［M］. 北京：中国建材工业出版社，2021.

［2］曹丹丹. 园林设计与施工手册：图解版［M］. 北京：北京希望电子出版社，2021.

［3］陈绍宽，唐晓棠. 园林工程施工技术［M］. 北京：中国林业出版社，2021.

［4］张浪. 城市困难立地生态园林建设方法与实践［M］. 北京：中国林业出版社，2021.

［5］陈丽，张辛阳. 风景园林工程［M］. 武汉：华中科技大学出版社，2020.

［6］王靖辉. 园林工程综合实训指导书［M］. 北京：机械工业出版社，2020.

［7］武静. 风景园林概论［M］. 北京：中国建材工业出版社，2019.

［8］彭丽. 现代园林景观的规划与设计研究［M］. 长春：吉林科学技术出版社，2019.

［9］李瑞冬. 风景园林工程设计［M］. 北京：中国建筑工业出版社，2019.

［10］谷达华，周玉卿，肖扬，等. 园林工程测量［M］. 重庆：重庆大学出版社，2019.

［11］潘斌林. 园林工程招投标与预决算［M］. 天津：天津科学技术出版社，2019.

［12］何凤，黄大勇. 风景园林设计与工程规划［M］. 延吉：延边大学出版社，2019.

［13］胡长龙. 园林规划设计理论篇［M］. 3版. 北京：中国农业出版社，2019.

［14］王艳，李艳，回丽丽. 建筑基础结构设计与景观艺术［M］. 长春：吉林美术出版社，2018.

［15］雷凌华. 风景园林工程项目管理［M］. 北京：中国建筑工业出版社，2018.

［16］于绍刚. 风景园林概论［M］. 2版. 北京：中国建筑工业出版社，2018.

［17］霍宪起，张桂玲. 园林综合实践［M］. 北京：化学工业出版社，2018.

［18］赵彦杰，韩敬，刘敏. 实用园林设计［M］. 北京：化学工业出版社，2018.

［19］李庆卫. 园林树木整形修剪学［M］. 2版. 北京：中国林业出版社，2018.

［20］冯雯，姜河，孙斐. 园林绿化施工与环境规划［M］. 哈尔滨：哈尔滨工业大学出版社，2018.

［21］张媛媛. 园林工程实训指导［M］. 上海：上海交通大学出版社，2017.

［22］李玉平. 城市园林景观设计［M］. 北京：中国电力出版社，2017.

［23］叶要妹，包满珠. 园林树木栽植养护学［M］. 北京：中国林业出版社，2017.